计算机系列教材

周彩英 主编

C语言程序设计教程学习指导（第二版）

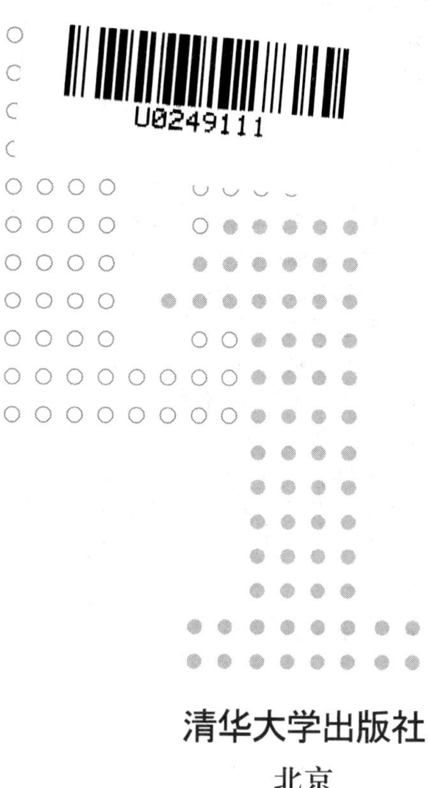

清华大学出版社
北京

内 容 简 介

本书是《C语言程序设计教程(第二版)》(清华大学出版社,书号ISBN:9787302404552)一书的配套参考书,主要内容包括4个部分:上机实验、《C语言程序设计教程(第二版)》习题解析、C语言考点及试题分析、模拟试卷。

本书内容丰富,取材与难度适当,实用性强,对读者可能遇到的难点做了十分系统、清楚和详细的叙述,可以作为C语言程序设计课程的教学参考书,特别适合作为参加C语言等级考试读者的复习与练习材料。

图书在版编目(CIP)数据

C语言程序设计教程学习指导/周彩英主编.--2版.--北京:清华大学出版社,2015(2024.7重印)
计算机系列教材
ISBN 978-7-302-41175-8

Ⅰ.①C… Ⅱ.①周… Ⅲ.①C语言-程序设计-高等学校-教学参考资料 Ⅳ.①TP312

中国版本图书馆CIP数据核字(2015)第184632号

责任编辑:黄 芝
封面设计:常雪影
责任校对:时翠兰
责任印制:刘 菲

出版发行:清华大学出版社
网 址:https://www.tup.com.cn,https://www.wqxuetang.com
地 址:北京清华大学学研大厦A座　**邮 编**:100084
社 总 机:010-83470000　**邮 购**:010-62786544
投稿与读者服务:010-62776969,c-service@tup.tsinghua.edu.cn
质量反馈:010-62772015,zhiliang@tup.tsinghua.edu.cn
课件下载:https://www.tup.com.cn,010-62795954
印 装 者:三河市龙大印装有限公司
经 销:全国新华书店
开 本:185mm×260mm　**印 张**:15　**字 数**:350千字
版 次:2011年6月第1版 2015年9月第2版　**印 次**:2024年7月第12次印刷
印 数:14801~16300
定 价:39.50元

产品编号:062261-02

前　言

FOREWORD

培养和造就无数有慧心、有灵气、会学习、能创新的人才，是教学工作者的神圣使命；而引导学生学会科学思维的方法，借以挖掘自身潜能，提高学习质量、效率和整体素质，最终能在计算机水平考试中得心应手是作者编著《C 语言程序设计教程(第二版)》(清华大学出版社，书号 ISBN：9787302404552)与本书的宗旨。

本书是与《C 语言程序设计教程(第二版)》(周彩英主编，清华大学出版社出版)配套使用的教学参考书，内容包括 4 个部分：上机实验、《C 语言程序设计教程(第二版)》习题解析、C 语言考点及试题分析、模拟试卷等。

第 1 部分"上机实验"配合《C 语言程序设计教程(第二版)》内容给出了 16 个实验，每个实验包括实验目的、实验预备工作、实验内容、实验要求等。教学课时不同的学校或专业可选择性地选做其中的部分实验。考虑到学生参加计算机等级考试的要求，最后 4 个实验的内容和要求与计算机等级考试接轨。

第 2 部分"习题解析"给出《C 语言程序设计教程(第二版)》每章习题的参考答案及详细分析，以帮助读者进一步理解和消化教材上的内容。

第 3 部分"C 语言考点及试题分析"详细解析了课程考试和计算机等级考试的知识点及常见题型，给出每道题目的答案及解析。

第 4 部分"模拟试卷"(共 4 套，包括课程考试模拟试卷 2 套，计算机等级考试 C 语言模拟试卷 2 套)可帮助读者进一步了解课程考试及计算机等级考试。

本书中的所有程序均在 Win-TC、TC 2.0、Visual C++ 6.0 三种实验环境中调试通过。

本书第 1 部分由周彩英编写，第 2 部分由宋春来编写，第 3 部分由贺兴亚、徐晶、潘钧、姜艺编写，第 4 部分由贺兴亚、徐晶、周彩英编写，附录 A 和附录 B 由潘钧编写，附录 C 由周彩英编写。

由于篇幅和课时等的限制，同时限于编者的水平，书中欠妥之处在所难免，恳请读者指正。编者电子邮箱：cyzhou@yzu.edu.cn。

本教材由扬州大学教材出版基金资助。

编　者

2015.2 于扬州

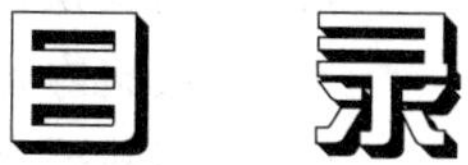

CONTENTS

第1部分 上机实验

第 2 部分 《C 语言程序设计教程(第二版)》习题解析

第3部分 C语言考点及试题分析

第 4 部分 模拟试卷

第1部分　上机实验

实验1　C语言程序设计基础

1.1　实验目的

1. 熟悉编译程序的安装；
2. 掌握程序编辑的基本方法，了解编译、连接的原理及运行程序的过程；
3. 通过运行简单C程序，初步了解C程序的特点并掌握程序的基本调试方法。

1.2　实验预备工作

本次实验主要涉及常用C语言编译器的使用、C语言源程序的结构、算术运算符和算术表达式、表达式在求值过程中的自动类型转换规则、输入输出函数的最基本用法等。在进入"实验内容"之前请做好如下准备工作：

1. 复习教程第1章程序设计基础和第2章C语言入门，理解C语言源程序的基本结构；

2. 预习附录A Win-TC使用方法简介，了解Win-TC集成开发环境的组成；或者预习附录B Visual C++ 6.0使用方法简介，了解Visual C++ 6.0环境的使用方法。

1.3　实验内容

1. 输入下列程序，运行该程序，观察并理解输出函数printf的最基本调用方法。

【源程序】

```
#include<stdio.h>
void main()
{
    printf("\n\n");
    printf("      **************\n");
    printf("********************\n");
    printf("*     How are you!    *\n");
    printf("********************\n");
    printf("      **************\n");
}
```

2. 在实验环境中编辑下列C语言源程序，编译、连接并运行，观察并理解其运行结果。

【源程序】

```
#include<stdio.h>
void main()
{   int a,b,c;
    printf("enter first integer :  ");
    scanf("%d",&a);
    printf("enter second integer :   ");
    scanf("%d",&b);
    c=a+b;
    printf("\n a+b=%d\n",c);
}
```

3. 下列程序将帮助你熟悉由编译器产生的错误信息。请尝试改正其中的错误，直到程序经编译后没有错误信息，并使之得到题目要求的运行结果。

(1) 要求得到输出结果为：Some output：1,2,3

【含有错误的源程序】

```
#include<stdio.h>
void main()
{   int a=1; b=1,c=1,
    prinf("Some output: %d, %d, %d\n"a,b,c)
}
```

(2) 要求当输入的数据为 3 时，得到输出结果为：I=3　j=9

【含有错误的源程序】

```
#include<stdio.h>
void main()
{   integer I,j;
    prinf("Enter an integer:);
    scanf("%d",&i);
    j=I*I;
    printf("I=%d j=%d\n,j);
}
```

4. 设计 main 函数，从键盘上输入两个整型变量 a、b 的值，交换它们的值并输出。

5. 设计 main 函数，从键盘上输入两个 float 型变量 a、b 的值，并将 b 的值累加到 a 中，输出 a 的值。

6. 设计 main 函数，从键盘输入 x 的值，根据公式 $y=x^3+3x^2+x-10$ 求 y 的值，输出 x 和 y 的值(假设 x 和 y 均为 float 型变量)。

1.4　实验要求

1. 在编译环境中调试程序并得到正确结果；

2. 实验完成后提交 3、4、5、6 题的程序文件；

3. 程序文件的命名使用“1_题号_子题号.c”形式，如 1_3_1.c 或 1_4.c 等，并存入以“学号_姓名”命名的文件夹中。

实验 2　基本控制结构(1)

2.1　实验目的

1. 掌握顺序结构、选择结构和循环结构的编程方法；
2. 熟练掌握使用逻辑运算符和逻辑表达式表示条件；
3. 掌握 break 语句和 continue 语句的功能及应用；
4. 进一步理解并掌握输入输出函数的使用方法。

2.2　实验预备工作

本次实验主要涉及结构化程序设计 3 种基本结构的 C 语言实现、转移语句 break 和 continue，在进入"实验内容"之前，请做好如下准备工作：

1. 复习并理解 if 语句、switch 语句的语法及语义；
2. 复习并理解 for 语句、while 语句、do-while 语句的语法及语义；
3. 复习 break 语句和 continue 语句的语法并理解其功能。

2.3　实验内容

1. 下列程序中，要求 main 函数实现如下功能：从键盘上输入三个正整数，求出它们中的最大值。请完善程序，并在程序最后用注释的方式给出你的测试数据及在这组测试数据下的运行结果。

【源程序】

```
#include <stdio.h>
void main()
{   int a,b,c,max;
    printf("Enter three integers:");
    ________("%d%d%d",&a,&b,&c);
    if(a>b)
        ________;
    else
        ________;
    if(________)
        max=c;
    ________("max of the three numbers is %d",max);
}
```

2. 下列程序想求出满足如下条件的三位数n：(1)n除以11(整数相除)所得到的商等于n的各位数字的平方和；(2)n中至少有两位数字相同。如：131除以11的商为11,131各位数字的平方和为11,131中有两位数字相同,故131是所要求出的三位数中的一个；又如550,也是满足条件的三位数。源程序中有些错误,请你改正并最终使程序得到如下的运行结果：131　550　900。

【含有错误的源程序】

```
#include <stdio.h>
void main()
{   int n , a , b , c;
    for(n=1; n<1000; n++)
        {   a=n/100;
            b=n/10%10;
            c=n/10;
            if(n/11=a*a+b*b+c*c||(a==b+a==c+b==c)>=2)
                printf("%5d",n);
        }
}
```

3. 请编程序,实现从键盘上输入任意一个整数n,求出n的各位数字之和。例如,当n为263时,各位数字之和为11。下面是一个可以实现逐位数字累加功能的程序段,试理解后应用到自己的程序中。

```
k=0;n=263;
do{   k+=n%10;
      n/=10;
  }while(n);
```

4. 试找出符合下列条件的正整数：(1)该数是一个三位数；(2)该数是37的倍数；(3)该数循环左移后得到的另两个数也是37的倍数。例如148是37的倍数,481和814也是37的倍数。

5. 请编程序,对从键盘上输入的x值,根据以下函数关系计算出相应的y值(设x,y均为整型量)。

x	y
x<0	0
0≤x<10	x
10≤x<20	10
20≤x<40	−5x+20

2.4 实验要求

1. 在编译环境中调试程序并得到正确结果；

2. 实验完成后提交1、2、3、4、5题的程序文件；

3. 程序文件的命名使用“2_题号.c”形式,如2_3.c、2_5.c等,并存入以“学号_姓名”命名的文件夹中。

实验3　基本控制结构(2)

3.1　实验目的

1. 熟练掌握级数的近似计算、阶乘的计算、质数的判断等常用算法；
2. 进一步掌握利用枚举法来找出符合条件的数或验证定理与猜想；
3. 熟练掌握二重循环的应用。

3.2　实验预备工作

本次实验主要涉及累加、累乘、求最大公约数和最小公倍数、判断质数及枚举法找数等常用算法，在进入“实验内容”之前，请做好如下准备工作。

1. 理解判断正整数 n 是否为质数的算法。判断一个正整数 n 是否为质数的基本思想为：任取[2,n－1]范围内的一个整数 i，若 n 能被其中的一个 i 整除，则 n 不是质数，否则 n 为质数。通过分析，可以将范围[2,n－1]压缩为[2,n/2]或[2,$\sqrt{n}$]。

2. 理解任取[2,n－1]范围内的一个整数 i 的基本语句：for(i=2;i<=n－1;i++){…}。

3. 理解判断整数 n 能否被整数 i 整除的条件：n%i==0。

4. 理解枚举法解决实际问题的基本步骤：(1)列出问题成立的条件公式；(2)列举出所有可能的取值逐一代入条件公式，如果满足公式则为正确解，否则判断下一个可能的取值是否满足条件公式。

5. 理解迭代法解决实际问题的基本步骤：(1)将一个复杂公式转变为若干个简单公式的重复计算；(2)利用循环实现重复计算。

3.3　实验内容

1. 完善下列程序，使之能实现：从键盘上输入一个正整数 x，判断 x 是否为质数，如果是输出“TRUE”，否则输出“FALSE”。

【源程序】

```
#include <math.h>
#include <stdio.h>
void main()
{
    int x,k,i ;
    scanf("%d",&x);
    for(i=2; i<=(k=sqrt(x)); i++)
```

```
        if(x%i==0)________;
    if(________)
        printf("TRUE");
    else
        printf("FALSE");
}
```

2. 请编写程序求出从键盘上输入的两个正整数 a 和 b 的最大公约数和最小公倍数。

3. 请编写程序利用下列公式求 π 的近似值。公式为：

$$\frac{\pi}{2}=\frac{2}{1}\times\frac{2}{3}\times\frac{4}{3}\times\frac{4}{5}\times\frac{6}{5}\times\frac{6}{7}\times\cdots\times\frac{2n}{2n-1}\times\frac{2n}{2n+1}$$

提示：先求出前 2n 项的 π/2 值，再求出 2n+2 项的 π/2 值，直至二者之差小于 10^{-5} 为止。

4. 请编写程序计算 1!+2!+3!+…+n! 的前 10 项之和。

5. 请编写程序求出满足如下条件的一个四位整数，它的 9 倍恰好是其反序数（例如，1234 与 4321 互为反序数）。

6. 请编写程序求出满足如下条件的四位数 n：(1)n 的范围为[5000,8000]；(2)n 的千位上的数减百位上的数减十位上的数减个位上的数后值大于零。编程要求：以每行 10 个输出满足条件的数及该类数的个数。

3.4 实验要求

1. 在编译环境中调试程序并得到正确结果；

2. 实验完成后提交 2、3、4、5、6 题的程序文件；

3. 程序文件的命名使用“3_题号.c”形式，如 3_3.c、3_6.c 等，并存入以“学号_姓名”命名的文件夹中。

实验4　函数(1)

4.1　实验目的

1. 掌握函数定义、函数调用的方法；
2. 理解函数调用时函数之间参数的传递方式；
3. 理解函数的作用及掌握模块化程序设计的基本方法；
4. 理解函数原型及其声明的基本方法。

4.2　实验预备工作

本次实验主要涉及函数的定义、函数的声明、函数的形参和实参之间的值传递、函数调用等知识，还涉及回文数这一概念。在进入“实验内容”之前请做好如下准备工作：

1. 复习并理解函数定义的一般形式、函数调用的一般形式；
2. 复习并理解函数实参和形参的基本概念及在函数调用时形参与实参的结合方式；
3. 了解函数的作用及模块化程序设计的基本方法；
4. 掌握回文数的基本概念。如果一个数顺读(从左到右)、逆读(从右到左)均是同一自然数，则此自然数 n 称为回文数。它有如下性质：对其各位数字，顺序“取高位，作低位”所构成的自然数和顺序“取低位，作高位”所构成的自然数均是 n。C 语言中，判断一个自然数是否是回文数时，基于回文数的概念和性质，利用循环结构、强制中止循环、标记技术、取余数(%)、取商数(/)、累加器和关系表达式等来综合处理。

4.3　实验内容

1. 请编辑调试下列程序，观察其运行结果，理解函数定义、函数调用的基本方法，并理解函数调用时形参和实参之间数据的传递方式。

【源程序】

```
#include <stdio.h>
void main()
{
    int i=2,x=5,j=7;
    fun(j,6);
    printf("i=%d,j=%d,x=%d\n", i , j , x);
}
fun(int i ,int j)
```

```
{  int x=7;
   printf("i=%d,j=%d,x=%d\n", i , j ,x);
}
```

2. 请编辑调试下列程序,仔细阅读该程序,理解C语言中菜单程序设计常用的方法,并试着理解模块化程序设计的基本方法。

【源程序】

```
#include <stdio.h>
#include <math.h>
float fexp(float);              /* 函数声明 */
float flog10(float);            /* 函数声明 */
float flog(float);              /* 函数声明 */
float fsqrt(float);             /* 函数声明 */
void main()
{
   char i;
   float x;
   printf("enter x:");
   scanf("%f",&x);
   printf("1. To calculate e to the power x\n");
   printf("2. To calculate logx to the base 10\n");
   printf("3. To calculate lnx \n");
   printf("4. To calculate square root of x\n");
   printf("\n");
   printf("enter your choice:[1/2/3/4]");
   scanf("%1s",&i);
   switch(i)
     {
        case '1': fexp(x); break;
        case '2': flog10(x);break;
        case '3': flog(x);break;
        case '4': fsqrt(x);break;
        default: printf("Sorry, can\'t do for you!\n"); break;
     }
}
float fexp(float x)
{
     printf("exp(%f)=%e\n",x,exp(x));
}
float flog10(float x)
{
     printf("log10(%f)=%e\n",x,log10(x));
}
float flog(float x)
{
     printf("log(%f)=%e\n",x,log(x));
}
float fsqrt(float x)
```

```
{
    printf("sqrt(%f)=%e\n",x,sqrt(x));
}
```

3. 以下程序欲实现从键盘输入一个较大的整数 n(n>=6),然后验证 6 到 n 之间的所有偶数都可以分解为两个质数之和。但程序有些错误,请改正这些错误以达到要求的功能。

【含有错误的源程序】

```
#include "stdio.h"
void main()
{
        int k,j,n,limit;
        do
          printf("Input a number>=6:");
          scanf("%d",&limit);
        while(limit<6);
        for(n=6;n<=limit;n+=2)
            for(k=3;k<=n/2;k+=2)
              if(prime(k))
                { j=n-k;
                  if(prime(j))
                    { printf("%d=%d+%d\n",n,k,j);
                      continue;
                    }
                }
}

int prime(int m)
{
    int g,h;  h=sqrt(m);
    for(g=2;g<=h;g++)
        if(m%g==0)
            return 0;
        else
            return 1;
}
```

4. 设 n_0 是一个给定的正整数。对于 i=0,1,2,…,定义:若 n_i 是偶数,则 $n_{i+1}=n_i/2$;若 n_i 是奇数,则 $n_{i+1}=3n_i+1$;若 n_i 是 1,则序列结束。用这种方法产生的数称为冰雹数。请编写一个函数 void hailstones(int n),其功能是显示由 n 产生的所要求的序列,按每行 6 个数输出该数列中的所有数。编写 main 函数,在 main 函数中定义一个整型变量 n,输入值 77 赋给 n,用 n 作为实参调用函数 hailstones。

测试数据:77↙

输出结果:

```
Hailstones  generated  by  77:
77    232   116   58   29   88
44    22    11    34   17   52
26    13    40    20   10   5
16    8     4     2    1
```

Number of hailstones generated:23

5. 请编写程序,找出满足如下条件的整数 m:(1)该数在[11,999]之内;(2)m、m^2、m^3均为回文数。例如 m=11,m^2=121,m^3=1331,11、121、1331 皆为回文数,故 m=11 是满足条件的一个数。请设计函数 int value(long m),其功能是判断 m 是否是回文数,如是,该函数返回值 1,否则返回值 0。编写 main 函数,求出[11,999]内满足条件的所有整数。

4.4 实验要求

1. 在编译环境中调试程序并得到正确结果;

2. 实验完成后提交 2、3、4、5 题的程序文件;

3. 程序文件的命名使用“4_题号.c”形式,如 4_3.c、4_6.c 等,并存入以“学号_姓名”命名的文件夹中。

实验5　函数(2)

5.1　实验目的

1. 进一步理解函数的作用及掌握模块化程序设计的基本方法；
2. 掌握用模块化程序设计的方法解决一些实际应用问题；
3. 掌握常用的方程求根算法。

5.2　实验预备工作

本次实验涉及一元非线性方程求近似根的方法。在进入"实验内容"之前，学习并理解一元非线性方程求近似根的牛顿迭代法、二分法、弦截法等基本数值计算算法。

1. 牛顿迭代法

牛顿迭代法又被称为切线法。如果想要求方程 $f(x)=0$ 在 x_0 附近的近似根(如图1.1所示)，算法如下：在曲线上 $f(x_0)$ 点处作该点的切线，切线的斜率为 $f'(x_0)$；切线与x轴的交点为x，斜率为 $\frac{f(x_0)}{x_0-x}$，所以 $f'(x_0)=\frac{f(x_0)}{x_0-x}$，可得交点x的值为 $x_0-\frac{f(x_0)}{f'(x_0)}$，再在 $f(x)$ 处作切线。如果 $|x-x_0|>\varepsilon$(如预先约定 ε 为1e-5)，则把x当作新的 x_0，重复上述过程，直到 $|x-x_0|<=\varepsilon$ 为止。故用牛顿迭代法求方程近似根的算法为：

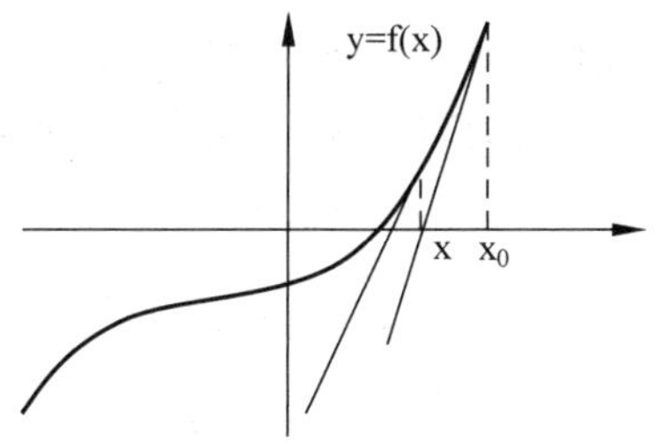

图1.1　牛顿迭代法

(1) 取初始近似值 $x_0 \to x$；

(2) 重复执行以下操作直到 $|x-x_0|$ 小于或等于预先约定的 ε：

① $x \to x_0$

② $x_0-f(x_0)/f'(x_0) \to x$

2. 二分法

二分法依据的是连续函数 y=f(x)在 a 和 b 两点满足 f(a)×f(b)<0,则必有一根在(a,b)内(如图 1.2 所示)。故用二分法求方程近似根的算法为：

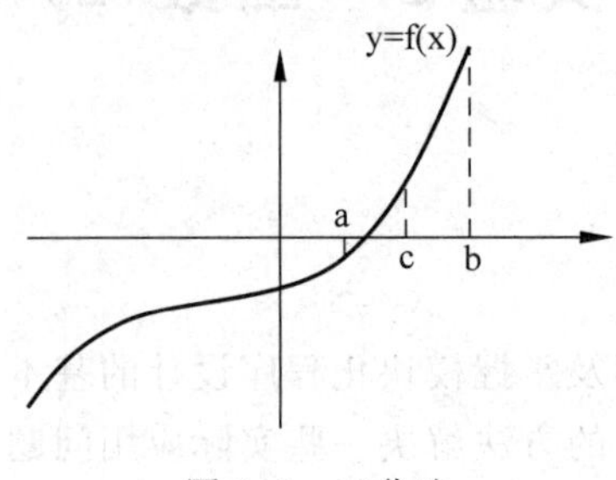

图 1.2　二分法

(1) 输入 a 和 b,判断 f(a)和 f(b)是否异号,若是则执行第(2)步,否则继续执行第(1)步；

(2) 如果 f(a)或 f(b)等于 0,则近似根为 a 或 b,将 a 或 b 赋给 x,执行第(5)步,否则执行第(3)步；

(3) (a+b)/2→c,当|f(c)|>ε(如约定 ε 为 1e−5)时重复执行以下操作：

① 如果 f(a)和 f(c)异号,则根在[a,c]中,c→b,否则根在[c,b]中,c→a；

② 转第(3)步；

(4) c→x；

(5) 输出方程的近似根 x。

3. 弦截法

弦截法与二分法的算法流程基本相同,只是计算可能根的方法不同。弦截法求方程近似根的算法为：

(1) 取两个不同点 a,b,如果 f(a)和 f(b)符号相反,则(a,b)内必有一个根,如图 1.3 所示。如果同号,则应改变 a,b 的值,直到 f(a)和 f(b)异号为止,注意 a 和 b 的值不应差太大,以保证(a,b)内只有一个根；

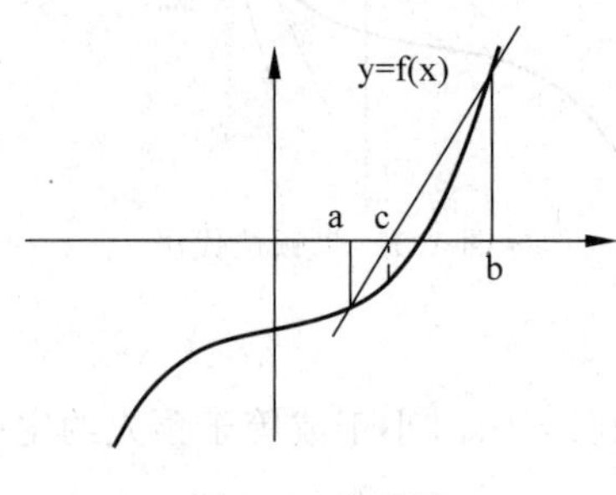

图 1.3　弦截法

(2) 连接(a,f(a))和(b,f(b))两点,此直线与 x 轴的交点为 c,c 点的坐标可用下列公式求出：

$$c=\frac{a\cdot f(b)-b\cdot f(a)}{f(b)-f(a)}$$

再由 c 求出 f(c)；

(3) 若 f(x)与 f(a)同号，则根必在(c,b)内，c→a；如果 f(x)与 f(b)同号，则表示根在(a,c)区间内，c→b；

(4) 重复步骤(2)、(3)，直到|f(c)|<ε(如约定 ε 为 $1e^{-5}$)为止；

(5) c→x；输出近似根 x。

5.3 实验内容

1. 用牛顿迭代法求方程 $3x^3-3x^2+x-1=0$ 在 $x_0=2$ 附近的实根。要求：

(1) 用函数 float newtoon(float x)求方程在 x 附近的根；

(2) 用函数 float F(float x)求 x 处的函数值，用函数 float F1(float x)求 f(x)在 x 处的导数；

(3) 在主函数中输入 x_0，调用函数求得方程的近似根(精度要求为 10^{-5})，并输出结果。

请完善下列程序，使之完成上述功能。并请以注释的方式在程序的最后给出你在运行该程序时所选用的测试数据及在该测试数据下的运行结果。

【源程序】

```
#include <stdio.h>
#include <math.h>

float F(float x)
{
   return  3*x*x*x-3*x*x+x-1;
}
float F1(float x)
{
   return ________;
}
float newtoon(float x)
{
   float f,f1,x0;
   do {   ________;
          f=F(x0);
          f1=F1(x0);
          x=________;
      }while(________);
    return x;
 }
void main()
{
   float x0;
   scanf("%f",&x0);
   printf("The result =%.2f\n ",________);
}
```

测试数据：2↙

运行结果：The result =1.00

2. 请设计程序，用牛顿迭代法求 f(x)=cos(x)－x 的近似根，要求精确到 10^{-6}。

3. 已知 f(x)=lnx＋x^2 在(1/e,1)内有唯一的一个实根。请设计程序，用二分法求该近似实根。精确到|f(x)|＜0.0001 为止。

4. 请设计程序，用弦截法求方程 $2x^3-4x^2+3x-6=0$ 在(0,3)内的近似根，直到|f(x)|＜0.0001 为止。

5.4 实验要求

1. 在编译环境中调试程序并得到正确结果；

2. 实验完成后提交 1、2、3、4 题的程序文件；

3. 程序文件的命名使用“5_题号.c”形式，如 5_1.c、5_2.c 等，并存入以“学号_姓名”命名的文件夹中。

实验6　函数(3)

6.1　实验目的

1. 掌握变量的作用域与存储类型等基本概念；
2. 掌握函数嵌套调用、函数递归调用的方法。

6.2　实验预备工作

本次实验涉及函数的嵌套调用、递归函数的定义及其调用、变量的作用域、变量的存储类型等基本概念，在进入“实验内容”之前，请做好如下准备工作：

1. 复习并理解递归函数及其执行过程；
2. 初步掌握包含递归函数的程序的编写与调试方法；
3. 复习变量的作用域及存储类型等基本概念。

6.3　实验内容

1. 请编辑调试下列程序，观察其运行结果，理解变量作用域的概念。

【源程序】

```
#include <stdio.h>
void main()
{
    int a=2, i;
    for(i=0; i<3; i++)
      {  printf("%d ", fun(a));
         a++;
      }
}
int fun(int a)
{
    int b=0;
    static int c=0;
    b++;
    c++;
    return a+b+c;
}
```

2. 请编辑调试下列两个程序，观察并理解其运行结果。

【源程序 1】

```
#include <stdio.h>
long func(long x)
{
  if(x<100) return x%10;
  else return func(x/100) * 10+x%10;
}

void main()
{
  printf("The result is:%ld\n",func(123456));
}
```

【源程序 2】

```
#include <stdio.h>
int fun(int);
int w=3;

void main()
{
  int w=10;
  printf("%d\n",fun(5) * w);
}

int fun(int k)
{
  if(k==0)
     return w;
  return(fun(k-1) * k);
}
```

3. 用递归法计算 n!。求 n! 的递归公式为：

$$n! = \begin{cases} 1 & (n = 0,1) \\ n \times (n-1)! & (n > 1) \end{cases}$$

请勿改动源程序中已有的部分，设计 ff 函数。

【源程序】

```
#include<stdio.h>
long ff(int n)
{
  /* 请完成该函数 */
}
void main()
{
   int n;
   long y;
   printf("\ninput a integer number:\n");
```

```
    scanf("%d",&n);
    y=ff(n);
    printf("%d!=%ld",n,y);
}
```

4. 请编写递归函数 double fun(double x, int y),计算并返回 x^y 的值。

5. 请编写程序,用递归法求 n 阶勒让德多项式的值,递归公式为:

$$P_n(x)=\begin{cases}1 & n=0\\ x & n=1\\ ((2n-1)xP_{n-1}(x)-(n-1)P_{n-2}(x))/n & n>1\end{cases}$$

算法提示:设计函数 double fpn(double x, int n),其功能是求 n 阶勒让德多项式的值。设计 main 函数,声明变量 x 和 n,从键盘上输入 x 和 n 的值,用 x 和 n 作为实在参数调用 fpn 函数,输出调用结果到屏幕上。

6.4 实验要求

1. 在编译环境中调试程序并得到正确结果;
2. 实验完成后提交 3、4、5 题的程序文件;
3. 程序文件的命名使用“6_题号.c”形式,如 6_4.c、6_5.c 等,并存入以“学号_姓名”命名的文件夹中。

实验7　数组(1)

7.1　实验目的

1. 掌握一维数组、二维数组的声明与初始化的方法；
2. 掌握一维数组和二维数组元素的直接访问方法；
3. 理解数组名作为函数参数时的作用。

7.2　实验预备工作

本次实验涉及一维数组、二维数组的声明和初始化、数组元素的引用、数组作为函数的参数等概念。在进入"实验内容"之前，请做好如下准备工作：

1. 复习并理解数组声明与初始化的基本方法，掌握数组元素的引用方法；
2. 初步理解数组名作为函数参数时的作用。

7.3　实验内容

1. 请编辑调试下列程序，观察其运行结果并填空，理解数组的声明、数组元素的引用等基本概念。

【源程序】

```
#include <stdio.h>
void main()
{
    int a[3][3]={{3,8,12},{4,7,10},{2,5,11}}, i,j,k,t;
    for(j=0;j<3;j++)
      for(k=0;k<2;k++)
        for(i=0;i<2-k;i++)
          if(a[i][j]>a[i+1][j])
              t=a[i][j],a[i][j]=a[i+1][j],a[i+1][j]=t;
    for(i=0;i<3;i++)
    {
      for(j=0;j<3;j++)
          printf("%3d",a[i][j]);
      printf("\n");
    }
}
```

该程序的功能是____。

2. 请编辑调试下列程序，观察其运行结果并填空，理解数组名作为函数参数时的作用。

【源程序】

```
#include <stdio.h>
int fun(int a[],int b[])
{
    int i,j=0;
    for(i=0;a[i];i++)
    {  if(i%2==0)continue ;
       if(a[i]>10)
           b[j++]=a[i];
    }
    return j;
}
void main()
{
    int a[10]={3,15,32,23,11,4,5,9},b[10];
    int i, x;
    x=fun(a,b) ;
    for(i=0;i<x;i++)
        printf("%d\t",b[i]);
    printf("\n%d",x);
}
```

该程序的功能是____________________________________。

3. 以下程序的功能是从键盘上输入10个整数，并检测整数3是否包含在这些数据中，若包含3，则显示出第一个3出现的位置，程序有些错误，试改正之。

【含有错误的源程序】

```
#include <stdio.h>
void main()
{
  int data[10];
  j=0;
  while (j<10)
    {  scanf("%d",data[j]);
       j++;
    }
  for(j=0;j<10;j++)
    if(data[j]=3)
     {  printf("3 is in the position of %d\n ",j);
        continue;
     }
  if(j==10)
     printf("not found!\n ");
 }
```

4. 在m行n列的二维数组中找出最小值的元素，然后将该元素所在行与最后一行交换，将该元素所在列与最后一列交换。请按功能要求改正下列程序中的错误，并调试运行程序。

【含有错误的源程序】

```
#include <stdio.h>
#define M 3
#define N 4
main()
{
    int x,k,j,com,col,t;
    int a[M][N]={ 12,1,56,34,10,2,45,3,9,7,4,65};
    for(k=0;k<M;k++)
    {  for(j=0;j<N;j++)
          printf(" %3d",a[k][j]);
       printf("\n");
    }
    printf("\n");
    x=0; com=0; col=0;
    for(k=0;k<M;k++)
       for(j=k+1;j<N;j++)
         if(x<a[k][j])
              { com=k;col=j;x=a[k][j];}
    for(k=0;k<M;k++)
       {  t=a[k][col];a[k][col]=a[k][N];a[k][N]=t;}
    for(k=0;k<N;k++)
       {  t=a[com][k];a[com][k]=a[M][k];a[M][k]=t; }
    for(k=0;k<M;k++)
       { for(j=0;j<N;j++)
            printf(" %3d",a[k][j]);
         printf("\n");
       }
}
```

输出结果:

```
12   1  56  34
10   2  45   3
 9   7   4  65

 9  65   4   7
10   3  45   2
12  34  56   1
```

5. 请编程序,打印以下形式的杨辉三角形。

```
1
1  1
1  2  1
1  3  3  1
1  4  6  4  1
1  5  10 10 5  1
```

6. 已知任何一个正整数 n 的立方均可以表示成 n 个连续奇数之和。例如:

$1^3=1$

$2^3=3+5$

$3^3=7+9+11$

$4^3=13+15+17+19$

⋮

试按下列要求编制程序：

（1）编写函数 void find_odd(int odd[],int n)，其功能是找到 n 个连续奇数，满足 n 的立方等于这些连续奇数之和，将这些奇数依次存放在 odd 指向的数组中；

（2）编写 main 函数，定义变量 n 和一维数组 a，从键盘上读入 n 的值（本题测试数据 n=14），用 a 和 n 作为实在参数调用函数 find_odd，按如下格式将调用结果输出到屏幕上：14 ^3=$a_1+a_2+\cdots+a_n$，其中 a_1 表示最小奇数，a_n 表示最大奇数。

7.4 实验要求

1. 在编译环境中调试程序并得到正确结果；

2. 实验完成后提交 3、4、5、6 题的程序文件；

3. 程序文件的命名使用“7_题号.c”形式，如 7_4.c、7_5.c 等，并存入以“学号_姓名”命名的文件夹中。

实验 8　数组(2)

8.1　实验目的

1. 掌握常用的查找算法；
2. 掌握常用的排序算法；
3. 掌握常用的归并算法。

8.2　实验预备工作

本次实验涉及查找、直接选择排序、冒泡排序、插入排序、归并、统计等算法。在进入“实验内容”之前，请做好如下准备工作：

1. 复习并理解直接选择排序和冒泡排序算法；
2. 进一步理解并掌握数组名作为函数参数时的作用。

8.3　实验内容

1. 以下程序在 a 数组中查找与 x 值相同的元素的所在位置。请完善程序。

【源程序】

```
#include <stdio.h>
void main()
{
    int a[11] ,x , i;
    printf("Enter 10 Integers:\n ");
    for(i=1; i<=10; i++)
       scanf("%d ",&a[i]);
    printf("Enter x: ");   scanf("%d ",&x);
    a[0]=________;
    i=10;
    while(x!=a[i])    ________;
    if(________)
         printf("%5d 's position is %4d\n ",x,i);
    else
         printf("%d is not found!\n ",x);
}
```

2. 下列程序是利用插入排序法将 n 个数从大到小进行排序，插入排序的算法思想如下：从一个空表开始，将待排序的数一个接一个插入到已排好序的有序表中(空表视为有序)，从而得到一个新的、记录数增1的有序表。例如，当n=7时，待排序的数及每一趟有序表的变化情况如表1-1所示。

表 1-1 待排序的数与有序表的变化情况

趟数	有序表	剩余待排序数
初始状态	空	49 38 65 97 76 13 27
第1趟	49	38 65 97 76 13 27
第2趟	49 38	65 97 76 13 27
第3趟	65 49 38	97 76 13 27
第4趟	97 65 49 38	76 13 27
第5趟	97 76 65 49 38	13 27
第6趟	97 76 65 49 38 13	27
第7趟	97 76 65 49 38 27 13	空

请完善下列程序并进行调试。

【源程序】

```
#include <stdio.h>
void sort(int a[],int n)
{
    int  i,j,t;
    for(i=1; i<=n; i++)
        { t=a[i];
          j=________;
          while((j>=0)&&(t>a[j]))
              {________;
               j--;
              }
          ________;
        }
}
void main()
{
    int a[10],i;
    printf("\nEnter 10 number:");
    for(i=0; i<=9; i++)
        scanf("%d",&a[i]);
    ________;
    for(i=0;i<10;i++)
        printf("%5d",a[i]);
}
```

3. 请编写selsort函数，用直接选择排序算法对待排序数据进行排序。编写main函数，声明一个一维数组并用测试数据初始化，调用selsort函数实现将数组中的第3至第8个元素按升序排序。例如，当测试数据为6 8 9 12 16 −3 90 −9 10 1，则输出结果为6 8 −9 −3 9 12 16 90 10 1。

4. 请按下列要求编写程序：

(1) 编写函数 void conj(int a[],int na,int b[],int nb, int c[])，其功能是实现将 a 和 b 指向的两个已按升序排列的数组中的元素合并成一个升序序列并保存到 c 指向的数组中；

(2) 编写 main 函数，声明 3 个整型数组 a,b,c，用给出的测试数据初始化 a 和 b，将 a,b,c 作为实参调用函数 conj，实现数组 a 和数组 b 的合并，合并的结果存入数组 c 中，最后依次输出 c 数组中的元素。

测试数据：

a 数组：1　2　5　8　9　10

b 数组：1　3　4　8　12　18

5. 已知整型数组中的元素值在 0 至 9 范围内，编程统计每个整数的个数。编程要求如下：

(1) 编写函数 void getdata(int a[])，其功能为调用随机函数产生 50 个值在 0 至 9 内的整数，并依次存储到 a 指向的数组中；

(2) 编写函数 void stat(int a[],int c[])，其功能是对 a 指向数组中的整数进行统计，统计结果存储到 c 指向的数组中；

(3) 编写 main 函数，定义长度为 50 的数组 a 和长度为 10 的数组 c，用 a 作为实参调用 getdata 函数，再用 a 和 c 作为实参调用 stat 函数，输出统计后的结果。

8.4 实验要求

1. 在编译环境中调试程序并得到正确结果；

2. 实验完成后提交 1、2、3、4、5 题的程序文件；

3. 程序文件的命名使用“8_题号.c”形式，如 8_4.c、8_5.c 等，并存入以“学号_姓名”命名的文件夹中。

实验9 数组(3)

9.1 实验目的

1. 掌握使用字符数组处理字符串的方法、理解字符串结束标记的作用；
2. 掌握常用字符串处理函数的应用。

9.2 实验预备工作

本次实验涉及用字符数组表示字符串、字符串的处理函数等。在进入"实验内容"之前，请做如下准备工作：

1. 复习并理解一维字符数组表示字符串的方法；
2. 复习常用字符串处理函数并理解它们的功能。

9.3 实验内容

1. 请编辑调试下列两个程序，观察、理解其运行结果并填空，并叙述它们各自的功能。

【源程序1】

```
#include <string.h>
#include <stdio.h>
void main()
{   int i;
    char a[20],b[10];
    gets(b);
    i=0;
    while(a[i]=b[i])
        i++;
    puts(a);
}
```

该程序的功能是________________________________。

【源程序2】

```
#include <stdio.h>
int com(char a[],char b[])
 {
    int i=0;
    while(a[i]==b[i]&&a[i]!='\0')
```

```
        i++;
    return !(a[i]-b[i]);
  }
void main()
{
    char a[20],b[20];
    int n;
    gets(a);
    gets(b);
    n=com(a,b);
    if(n==0)printf("not");
    else printf("yes");
}
```

该程序的功能是________________________。

2. 下列程序的功能是将字符串中的数字字符删除后输出。程序中有些错误，试改正使其完成所要求的功能。

【含有错误的源程序】

```
#include <stdio.h>
void delnum(char s[80])
{
    int i,j;
    for (i=0,j=0;s[i]!='\0';i++)
        if (s[i]>'0'&& s[i]<'9')
                  {   s[j]=s[i]; j++   }
    s[i]='\0';
}
void main()
{
    char item[80];
    gets(item);
    delnum(item);
    printf("\n%s",item);
}
```

3. 在一行文本中查找给定的单词。一行文本由字母和分隔符组成，分隔符包括若干空格、逗号、句号和换行符。一个单词由若干个连续字母组成。

实现提示：main 函数中 word 数组存放欲查找的单词。find_word 函数完成在 t 字符串中查找单词 w 的功能，先从 t 串中找出一个单词，再与 w 进行比较，如果找到则返回单词 w 在 t 串中第一次出现的位置，否则返回－1。

【源程序】

```
#include <stdio.h>
#include <string.h>
#include <ctype.h>

void main()
{
```

```
    char text[80]="I will pass the examination in the summer holiday.",word[20];
    int t;
    puts("enter a word to be found:");
    gets(word);
    t=find_word(________);
    if(________)
          printf("The word %s in text. It locates in %d.\n",word,t);
    else
        printf("not found!\n");
}

find_word(char t[], char w[])
{
    char s[20];
    int i , j ;
    for(i=0; t[i]!= '\0'; i++)
      { if(isalpha(t[i]))
          { for(j=0; isalpha(t[i+j]); j++)
                  s[j]=________;
            s[j]= '\0';
            if(strcmp(w,s)==0)
                return ________;
            i=________;
          }
      }
    return-1;
}
```

4. 请设计程序，将一字符串做压缩处理。编程要求如下：

(1) 编写一个函数 int compress(char s[ ])，将 s 中连续出现的多个相同字符压缩为一个字符，统计被删除的字符个数，返回被删除的字符个数；

(2) 编写函数 main，从键盘读入一行字符数据存入一个字符型数组中，调用 compress 函数对该字符数组中存储的字符做压缩处理，输出压缩后的字符串和被删除的字符个数。

测试数据：

@@@@@@ I wwillll succesful &&&&&& and you too !!!!!!###########

运行结果：

@ I wil sucesful & and you to !#

30

5. 请按下列要求编写程序：

(1) 编写函数 void fun(char x[ ])，其功能是在 x 指向的字符串中的所有数字字符之前分别插入 1 个字符 '$'；

(2) 编写 main 函数，定义一个字符数组 a，用测试数据中的数据初始化字符数组 a，用 a 作为实在参数调用函数 fun，输出结果字符串。

测试数据：a1b34cdef5

运行结果：a$1b$3$4cdef$5

9.4 实验要求

1. 在编译环境中调试程序并得到正确结果；

2. 实验完成后提交 2、3、4、5、6 题的程序文件；

3. 程序文件的命名使用“9_题号.c”形式，如 9_4.c、9_5.c 等，并存入以“学号_姓名”命名的文件夹中。

实验10　数组(4)

10.1　实验目的

1. 掌握使用二维字符数组处理字符串集合的方法；
2. 掌握指针数组的声明、初始化及数组元素的引用；
3. 掌握指向指针型数据的指针变量的声明与引用方法。

10.2　实验预备工作

本次实验涉及用二维字符数组表示字符串集合、指针数组、用指针指向字符串、用指针作为函数的参数等概念。在进入"实验内容"之前，请做如下准备工作：

1. 复习并理解用二维字符数组表示字符串集合的方法；
2. 复习指针数组的声明、初始化方法及其引用；
3. 复习指针作为函数的参数等基本概念。

10.3　实验内容

1. 请编辑调试下列程序，观察并理解其运行结果。

【源程序】

```
#include <stdio.h>
void main()
 {
     char s[]="China";       char *p=s;
     printf("%c", *p);
 }
```

2. 以下程序中，函数 encode 欲完成一个字符串的加密功能，将 s1 字符串中的字符经过变换后保存到 s2 指向的字符数组中。二维数组 cs 保存了一个明码密码对照表，第一行是明码字符，第二行是对应的密码字符，如表 1-2 所示。加密方法：从 s1 字符串中每取一个字符，均在 cs 表第一行中查找有无该明码字符，若找到则将对应的密码字符放入 s2 中，否则将 s1 中原来的字符放入 s2 中。程序中有些错误，请改正使其完成所要求的功能。

表 1-2　二维数组 cs 存储的明码密码对照表

a	c	e	g	h	j	l	n	p	\0
f	o	n	p	t	i	u	d	e	\0

【含有错误的源程序】

```
#include<stdio.h>
char cs[2][10]={"aceghjlnp","fonptiude"};
void encode(char * s1,char * s2)
{
    int n,i,j;
    for(n=0;s1[n]!='\0';n++)
      {
          for(i=0;i<10 && s1[n]!=cs[0][i]; i++ );
          if(i<10) s2[n]=s1[n] ;
          else s2[n]=cs[1][i];
      }
    s2[n]='\0';
}
main()
{
    char ts[80]="jntwrnwt",td[80];
    encode(ts,td);
    puts(td);
}
```

3. 两个等长的二进制数之间的海明距离是指对应位数字不同的位数。如二进制数100101和001110之间的海明距离为4。设计算机系统使用16个二进制位表示一个十进制整数，请按下列要求完善程序：

(1) 完善函数 void DecToBin(char str[], int n)，其功能是将非负整数 n 转换成16位二进制数字字符串，按由低位向高位存入数组 str 中；

(2) 完善函数 int Hymin(char * x , char * y)，其功能是统计 x、y 指向的两个16位二进制数字字符串对应位数字不同的位数，并返回统计结果；

(3) 在主函数中输入两个十进制正整数39和15，分别调用函数 DecToBin 将它们转换为二进制数字字符串，再调用函数 Hymin 计算它们之间的海明距离并输出。

【源程序】

```
void DecToBin(char str[] , int n)
{
    int i=0,j;
    while(n!=0)
      {  str[i++]=________;
         n=________;
      }
    for(j=i ; j<16 ; j++)
        str[j]= '0';
}

int Hymin(char * x , char * y)
 {  int count=0, i ;
    for(i=0; i<16 ; i++)
      if(________) count++;
    return count;
```

```
}
void main()
{
    int m,n;
    char  a[17],b[17];
    scanf("%d%d",&m,&n);
    ________;
    ________;
    printf("distance of %d and %d = %d\n",m,n,________);
}
```

测试数据：39　15 ↙

输出结果：distance of 39 and 15 = 2

4. 请设计函数 int find_replace(char *s1,char *s2,char *s3)，其功能是：在 s1 指向的字符串中查找 s2 指向的字符串，并用 s3 指向的字符串替换在 s1 中找到的所有 s2 字符串。若 s1 字符串中没有出现 s2 字符串，则不做替换并使函数返回 0，否则函数返回 1。请勿改动程序中的 main 函数。

```
#include <stdio.h>
#include <string.h>
int find_replace(char *s1,char *s2,char *s3)
{
  /* 请完善该函数 */

}
void main()
{
    char line[80]="This is a test program and a test data.";
    char substr1[10]="test",substr2[10]="actual";
    int k;
    k=find_replace(line,substr1,substr2);
    if( k )
      puts(line);
    else
      printf("not found\n");
}
```

5. 请设计函数 void sort(char *name[],int n)，其功能是对数组 name 中指向的字符串按字典顺序排序。请勿改动程序中的 main 函数。

```
void sort(char *name[],int n)
{
  /* 请完善该函数 */
}
void main()
{
    char *name[]={"VB","C++","Delphi","VFP","IT"};
    int i,n=5;
    sort(name,n);
    for(i=0;i<5;i++)
```

```
        printf("%s\n",name[i]);
    }
```

10.4 实验要求

1. 在编译环境中调试程序并得到正确结果；

2. 实验完成后提交3、4、5题的程序文件；

3. 程序文件的命名使用“10_题号.c”形式，如10_4.c、10_5.c等，并存入以“学号_姓名”命名的文件夹中。

实验 11　链　　表

11.1　实验目的

1. 掌握结构的基本概念及应用；
2. 了解动态存储空间分配及释放等基本概念；
3. 掌握链表的建立、插入、删除、归并等基本操作。

11.2　实验预备工作

本次实验涉及结构、自引用结构、常用的分配动态存储空间的函数及链表的基本操作等相关知识。在进入"实验内容"之前，请做如下准备工作：

1. 复习并理解结构类型的定义及结构对象的声明；
2. 复习并理解自引用结构、结构指针等概念；
3. 掌握分配动态存储空间函数的应用及链表的相关知识。

11.3　实验内容

1. 设有如下结构定义及语句：

```
struct link { int data; struct link *next;} *p, *head;
p=(struct link *)malloc(sizeof(struct link));
```

如果 p 已指向成功分配的存储空间，现要求使 head 指向 p，并使 p 所指向结点的成员 data 和成员 next 分别获得值 20 和 NULL，请补充如下赋值语句使其完成上述功能。

```
head = ________________;
________________ = 20;
________________ = NULL;
```

2. 请编辑调试下列程序，观察其运行结果，理解结构、结构数组、结构指针等概念。

【源程序】

```
struct stu {
            int x;
            int *y;
           } *p;
int dt[4]={10,20,30,40};
struct stu a[4]={50,&dt[0],60,&dt[1],70,&dt[2],80,&dt[3]};
```

```
void main()
  {  p=a;
     printf("%d,",++p->x);
     printf("%d,",(++p)->x);
     printf("%d\n",++(*p->y));
  }
```

3. 下列程序用来建立一个带头结点的单向链表，新产生的结点总插在链首。程序有些错误，请上机调试并改正之。

【含有错误的源程序】

```
#include <stdio.h>
void main()
{
  struct node
      {  char  ch;
         struct node *link;
      } *h, *p;
  char c;
  h=NULL;
  while ((c=getchar())!='\n')
   {  p=(int *)malloc(sizeof(struct node));
      p->ch=c;
      h=p->link;
      p=h;
   }
  p=h;
  while(p!=NULL)
   {  printf("%3c",p->ch);
      p++;
   }
  putchar('\n');
}
```

4. 请设计程序，首先建立一个含有若干个结点的链表，并设计函数 fmax，其功能是：求出链表所有结点中数据域值最大的结点的位置，并由参数返回给主函数。该函数的第一个参数是链表的首指针，第二个参数指向空间中的值最终为数据域值最大的结点所在的结点序号（假设首结点的序号为1）。有如下源代码，请理解并完善它们，可以选择应用到你的程序中。

```
struct node
 {  int data; struct node *next; };
struct node *fmax(struct node *head,int *n)
 {
      /* 请完善该函数 */
 }
void print (struct node *p)
 {  while (p) {
                    printf("%5d",p->data);
                    p=p->next;
```

```
            }
        printf("\n");
    }
    void main()
    {
        struct node *h=0, *p, *p1;
        int a,n=0;
        printf("input data:"); scanf("%d",&a);
        while(a!=-1)
        {
            p=(struct node *) malloc(sizeof(struct node));
            p->data=a;
            if (h==0) {h=p; p1=p;}
            else {p1->next=p; p1=p;}
            printf ("input data:");
            scanf ("%d", &a);
        }
        p->next=0;
        print (h);
        p=fmax(h,&n);
        if(p) printf ("Max data is:%d\nposition is:%d\n", p->data,n);
    }
```

11.4 实验要求

1. 在编译环境中调试程序并得到正确结果；

2. 实验完成后提交3、4题的程序文件；

3. 程序文件的命名使用“11_题号.c”形式，如11_3.c、11_4.c等，并存入以“学号_姓名”命名的文件夹中。

实验 12　文　　件

12.1　实验目的

1. 了解 C 语言的文件系统；
2. 掌握基本存取文件的方法。

12.2　实验预备工作

本次实验涉及 C 语言文件系统的基本概念，涉及利用高级 I/O 库函数存取文件的方法。在进入"实验内容"之前，复习并理解 C 语言文件系统的基本概念，复习并理解 C 语言高级 I/O 库函数的基本应用。

12.3　实验内容

1. 请编辑调试下列程序，观察其运行结果，理解并掌握利用高级 I/O 库函数写文件的基本方法。

【源程序】

```
#include "stdio.h"
void main()
{   FILE * fp;
    char ch;
    if((fp=fopen("myf1.out","w"))==NULL)
       {  printf("Cannot open this file!\n");
          exit(0);
       }
    printf("Enter data:\n");
    while((ch=getchar())!='#')
        fputc(ch,fp),putchar(ch);
    fclose(fp);
}
```

2. 请设计程序，以写文本文件的方式打开数据文件"myf2.out"，将字符串"Nanette eats gelatin."往文件中写 10 次。

3. 请设计程序，从键盘输入一行字符，写入一个数据文件"myf3.out"中，再把该文件内容读出显示在屏幕上。

4. 用公式"$a_0=0$；$a_1=1$；$a_2=1$；$a_i=a_{i-3}+2a_{i-2}+a_{i-1}$（当 i 大于 2 时）"，求数列 a_0，

a_1,…,a_{19}。

编程要求:

(1) 源程序存于 myf4.c 文件中;

(2) 程序运行的结果存于 myf4.out 文件中;

(3) 数据文件的打开、关闭和使用均要用 C 语言的文件管理语句来实现;

(4) 在结果文件中,要求每行输出 4 个数。

5. 设计一简单的学生成绩管理系统,学生成绩信息以文件形式存储在文件中,需要操作时,需调入内存以链表形式存放。数据的基本操作包括添加、删除、插入、显示全部记录等。

(1) 采用菜单驱动方式;

程序显示如下菜单:

```
**** Students'Grade Management System ****          /* 菜单选择 */
1. Input Records
2. Display All Records
3. Insert a Record
4. Delete a Record
5. Write data to file
0. Quit
****************************************
```

(2) 每个学生成绩信息包括学号、姓名、成绩,每个学生的信息构成一条记录;

(3) 以文件形式存储学生成绩信息,以链表形式进行添加、插入、删除和显示全部记录等操作;

(4) 根据文件创建链表,操作完毕后,以文件存储链表数据;

(5) 部分函数已完成,请完成剩余函数。

```
#include <stdio.h>
#include <stdlib.h>
#include <file.h>

typedef struct                                  /* 定义学生成绩信息结构类型 */
{
    char num[10];                               /* 学号 */
    char name[20];                              /* 姓名 */
    int score;                                  /* 成绩 */
}SSCORE;
int menu();                                     /* 菜单函数 */
void add(SSCORE * link);                        /* 增加一批记录 */
void display(SSCORE * link);                    /* 显示全部记录 */
void insert(SSCORE * link, char number[]);      /* 根据学号,在该学号的记录前增加一记录 */
void delete(SSCORE * link, char number[]);      /* 根据学号,删除一条记录 */
void write(SSCORE * link, char fname[]);        /* 链表数据写入指定文件 */
SSCORE * create(char fname[]);                  /* 根据文件,创建链表,并返回该链表的头指针 */

void main()                                     /* 主函数 */
{
```

```
    char c;
    char fname[20],fnames[20],numid[20];
    SSCORE *stulink=NULL;
    system("cls");                                  /*清屏*/
    printf("Please input file name\n");
    scanf("%s",fname);                              /*输入要打开文件的文件名*/
    stulink=create(fname);
    while(1)
    {  c=menu();
       switch(c)                                    /*判断具体操作*/
       {  case 1:
             printf("\tInput Records\n");           /*增加一批记录*/
             add(stulink);
             system("pause");break;
          case 2:
             printf("\tDisplay All Records\n");
             display(stulink);                      /*显示所有记录*/
             system("pause");break;
          case 3:
             printf("\tInsert a Record\n");
             printf("\tPlease input a numid\n");
             scanf("%s",numid);                     /*输入学号*/
             insert(stulink,numid);                 /*根据学号,在该学号记录前增加一条记录*/
             system("pause");break;
          case 4:
             printf("\tDelete a Record\n");
             printf("\tPlease input a numid\n");
             scanf("%s",numid);                     /*输入学号*/
             delete(stulink,numid);                 /*根据学号,删除一条记录*/
             system("pause");break;
          case 5:
             printf("\t Write data to file\n");
             printf("please input file name\n");
             scanf("%s",fnames);                    /*输入保存文件的文件名*/
             write(stulink,fnames);                 /*数据写入指定文件*/
             system("pause");break;
          case 0:
             printf("\tGood luck,bye-bye!\n");
             system("pause");
             free(stulink);
             exit(0);                               /*结束程序*/
       }
    }
    system("pause");
}

int menu()                                          /*菜单函数*/
{  char c;
   do
   {  system("cls");                                /*清屏*/
      printf("\t****Students'Grade Management System****\n");   /*菜单选择*/
```

```
        printf("\t 1. Input Records \n");
        printf("\t 2. Display All Records\n");
        printf("\t 3. Insert a Record\n");
        printf("\t 4. Delete a Record\n");
        printf("\t 5. Write data to file\n");
        printf("\t 0. Quit\n");
        printf("\t ****************************************** \n");
        printf("\t Give your Choice(0-5):");
        c=getchar();                              /*读入选择*/
    }while(c<'0'||c>'5');
    return(c-'0');                                /*返回选择*/
}
SSCORE *create(char fname[])                      /*根据文件,创建链表,并返回该链表的头指针*/
{
     /* 请完善该函数 */
}
void add(SSCORE * link)                           /*增加一批记录*/
{
     /* 请完善该函数 */
}
void display(SSCORE *link)                        /*显示全部记录*/
{
     /* 请完善该函数 */

}
void insert(SSCORE *link, char number[])          /*根据学号,在该学号记录前增加一条记录*/
{
     /* 请完善该函数 */

}
void delete(SSCORE *link,char number[])           /*根据学号,删除一条记录*/
{
     /* 请完善该函数 */

}
void write(SSCORE *link, char fname[])            /*链表数据写入指定文件*/
{
     /* 请完善该函数 */

}
```

12.4 实验要求

1. 在编译环境中调试程序并得到正确结果;

2. 实验完成后提交2、3、4、5题的程序文件;

3. 程序文件的命名使用“12_题号.c”形式,如12_4.c、12_5.c等,并存入以“学号_姓名”命名的文件夹中。

实验 13　综合练习(1)

13.1　实验目的

1. 进一步理解模块化程序设计的内涵；
2. 进一步熟悉函数的定义、调用与返回；
3. 了解上机考试及全国计算机等级考试上机部分的试卷题型与解题技巧。

13.2　实验预备工作

本次实验涉及 C 语言上机考试及全国计算机等级考试题型。本实验的形式为填空题、改错题和编程题。读者可通过阅读和修改他人的程序和自己编写程序进一步理解 C 语言的编程方法和技巧。

13.3　实验内容

1. 填空题

(1) 请补充函数 void fun(char * str1,char * str2),其功能是：把字符串 str2 接在字符串 str1 的后面。

例如：若串 str1 与 str2 分别为"How do "和"you do!",则结果输出为“How do you do!”。

注意：部分源程序已经给出。请勿改动函数 main 中的内容,仅在函数 fun 的横线上填入表达式或语句。

【源程序】

```
#include<stdio.h>
#include<conio.h>
#define N 40
void fun(char * str1,char * str2)
{
    int i=0,j=0;
    while( 【1】 )
        i++;
    for(; 【2】 ;i++,j++)
        str1[i]= 【3】 ;
    str1[i]= '\0';
}
```

```
void main()
{
    char str1[N],str2[N];
    printf("***** Input the string str1 & str2 *****\n");
    printf(" \nstr1:");
    gets(str1);
    printf(" \nstr2:");
    gets(str2);
    printf("** The string str1 & str2 **\n");
    puts(str1); puts(str2);
    fun(str1,str2);
    printf("***** The new string *****\n");
    puts(str1);
}
```

(2) 请补充函数 double fun(double x[ ]),该函数的功能是求长度为 10 的一维数组 x 中各元素值的平均值,并对所得结果进行四舍五入(保留两位小数)。

例如:当数组 x 中的 10 个元素依次为{15.6,19.9,16.7,15.2,18.3,12.1,15.5,11.0,10.0,16.0}时,结果为:avg=15.030000。

注意:部分源程序已经给出。请勿改动函数 main 中的内容,仅在函数 fun 的横线上填入表达式或语句。

【源程序】

```
#include<stdio.h>
#include<conio.h>
double fun(double x[])
{
    int i;
    long t;
    double avg=0.0, sum=0.0;
    for(i=0;i<10;i++)
        【1】;
    avg=sum/10;
    avg= 【2】;
    t= 【3】;
    avg=(double)t/100;
    return avg;
}

void main()
{
    double avg,x[10]={15.6,19.9,16.7,15.2,18.3,12.1,15.5,11.0,10.0,16.0};
    int i;
    printf("\nThe original data is :\n");
    for(i=0;i<10;i++)
        printf("%6.1f",x[i]);
    printf("\n\n");
    avg=fun(x);
    printf("average=%f\n\n",avg);
}
```

2. 改错题

（1）下列给定程序中，函数 void fun(char t[ ])的功能是：将字符串 t 中的小写字母都改为对应的大写字母，其他字符不变。例如，若输入"edS,dAd"，则输出"EDS,DAD"。

注意：不得增行或删行，也不得更改程序的结构。请改正程序中的错误，使它能得到正确结果。

【含有错误的源程序】

```
#include <stdio.h>
#include <string.h>
#include <conio.h>
void fun(char t[ ])
{
    int i;
    for(i=0;t[i];i++)
        if((t[i]>='A')||(t[i]<='Z'))
            t[i]-=32;
}
void main()
{
    int i;
    char tt[81];
    printf("\nPlease enter a string: ");
    gets(tt);
    fun(tt);
    printf("\nThe result string is:%s",tt);
}
```

（2）下列给定程序中，函数 fun 的功能是：先从键盘上输入一个 3 行 3 列矩阵的各个元素的值，然后输出主对角线元素之积。

注意：不得增行或删行，也不得更改程序的结构。请改正函数 fun 中的错误，使它能得出正确的结果。

【含有错误的源程序】

```
#include <stdio.h>
int fun()
{
    int a[3][3],mul;
    int i,j;
    mul=1;
    for(i=0;i<3;i++)
        for(i=0;j<3;j++)
            scanf("%d",&a[i][j]);
    for(i=0;i<3;i++)
        mul=mul * a[i][j];
    printf("mul=%d\n",mul);
}
void main()
```

```
{
    fun();
}
```

3. 编程题

(1) 请编写函数 void fun(int *w, int p, int n),该函数的功能是:移动 w 所指向的一维数组中的内容,若该数组中有 n 个整数,要求把下标从 p 到 n-1(p≤n-1)的数组元素平移到数组的前面。

例如,一维数组中的原始内容为 1,2,3,4,5,6,7,8,9,10,11,12,13,14,15,p 的值为 6。移动后,一维数组中的内容应为 7,8,9,10,11,12,13,14,15,1,2,3,4,5,6。

注意:部分源程序已经给出。请勿改动函数 main,仅在函数 fun 的花括号中填入所编写的语句。

【源程序】

```
#include <stdio.h>
#define N 80
void fun(int *w, int p, int n)
{
    /* 请完善该函数 */

}
main()
{
    int a[N]={1,2,3,4,5,6,7,8,9,10,11,12,13,14,15};
    int i, p, n=15;
    printf("The original data:\n");
    for(i=0;i<n;i++)
        printf("%3d",a[i]);
    printf("\n\nEnter p: ");
    scanf("%d",&p);
    fun(a,p,n);
    printf("\nThe data after moving:\n");
    for(i=0;i<n;i++)
        printf("%3d",a[i]);
    printf("\n\n");
}
```

(2) 下列程序的功能是找出区间 m 到 n 中的所有孪生质数对(相差为 2 的两个质数称为孪生质数),将结果输出。

请补充函数 int prime(int i),该函数的功能是判断整数 i 是否是质数,如果是则函数返回值 1,否则函数返回值 0。

注意:部分源程序已经给出。请勿改动函数 main,仅在函数 prime 的花括号中填入所编写的语句。

【源程序】

```
#include "stdio.h"
```

```
int prime(int i)
{
      /* 请完善该函数 */
}
void main()
{
   int m,n,i;
   printf("Input two numbers:");
   scanf("%d%d",&m,&n);
   if(!(m%2))
          m+=1;
   if(m==1)
          m+=2;
  for(i=m;i<=n-2;i+=2)
        if(prime(i)&&prime(i+2))
           printf("%5d%5d\n",i,i+2);
}
```

13.4 实验要求

1. 在编译环境中调试程序并得到正确结果；

2. 实验完成后提交1、2、3题的程序文件；

3. 程序文件的命名使用“13_题号_子题号.c”形式，如13_1_1.c、13_2_2.c等，并存入以“学号_姓名”命名的文件夹中。

实验 14　综合练习(2)

14.1　实验目的

1. 进一步理解模块化程序设计的内涵；
2. 进一步熟悉函数的定义、调用与返回；
3. 了解上机考试及全国计算机等级考试上机部分的试卷题型与解题技巧。

14.2　实验预备工作

本次实验涉及C语言上机考试及全国计算机等级考试题型。本实验的形式为填空题、改错题和编程题。读者可通过阅读和修改他人的程序和自己编写程序进一步理解C语言的编程方法和技巧。

14.3　实验内容

1. 填空题

(1) 请补充函数 void fun(char *tt,int alf[])，该函数的功能是：统计一个字符串中所有字母字符各自出现的次数，结果保存在数组 alf 中。注意：不区分大小写，不能使用字符串处理库函数。

例如，若输入的字符串为："A=abc+5*c"，则输出结果为：a=2，b=1，c=2。

注意：部分源程序已经给出。请勿改动函数 main，仅在函数 fun 的横线上填入表达式或语句。

【源程序】

```
#include<conio.h>
#include<stdio.h>
#define N 100
void fun(char *tt,int alf[])
{
    char *p=tt;
    while(*p)
    {  if (*p>='A'&&*p<='Z')
            【1】;
       if (*p>='a'&&*p<='z')
            alf [*p-'a']++;
       【2】;
```

```
        }
    }
    void main()
    {
        char str[N];
        char a='a';
        int alf[26]={0},i,k=0;
        printf("\nPlease enter a char string:");
        scanf("%s",str);
        printf("\n** The original string **\n");
        puts(str);
        fun(str,alf);
        printf("\n** The number of letter **\n");
        for(i=0;i<26;i++)
        {
            if(alf[i]!=0)
            {   k++;
                printf("%c=%d ",a+i,alf[i]);
                if(k%5==0)
                    printf("\n");
            }
        }
        printf("\n");
    }
```

(2) 请补充函数 void fun(char *str,int bb[ ])，该函数的功能是：分类统计一个字符串中元音字母和其他字符的个数(不区分大小写)。

例如，输入 aeiouAOUpqrt，结果为 A:2 E:1 I:1 O:2 U:2 other:4。

注意：部分源程序已经给出。请勿改动函数 main，仅在函数 fun 的横线上填入表达式或语句。

【源程序】

```
#include<stdio.h>
#include<conio.h>
#define N 100
void fun(char *str,int bb[ ])
{
    char *p=str;
    int i=0;
    for(i=0;i<6;i++)
        【1】;
    while(*p)
    {
        switch(*p)
        {
            case 'A':
            case 'a':bb[0]++;break;
            case 'E':
            case 'e':bb[1]++;break;
            case 'I':
```

```
            case 'i':bb[2]++;break;
            case 'O':
            case 'o':bb[3]++;break;
            case 'U':
            case 'u':bb[4]++;break;
            default: 【2】 ;
        }
       【3】 ;
    }
}

void main()
{
    char str[N],ss[6]="AEIOU";
    int i;
    int bb[6];
    printf("Input a string: \n");
    gets(str);
    printf("The string is: \n");
    puts(str);
    fun(str,bb);
    for(i=0;i<5;i++)
        printf("\n%c:%d",ss[i],bb[i]);
    printf("\nother:%d",bb[i]);
}
```

2. 改错题

(1) 下列给定的程序中,函数 fun 的功能是:计算并输出 k 以内最大的 6 个能被 7 或 11 整除的自然数之和。k 的值由主函数传入,若 k 的值为 500,则函数的值为 2925。

请改正程序中的错误,使它能得到正确结果。注意:不得增行或删行,也不得更改程序的结构。

【含有错误的源程序】

```
#include<stdio.h>
#include <conio.h>
int fun(int k)
{
    int m=0,mc=0;
    while(k>=2)&&(mc<6)
      {
          if((k%7=0)||(k%11=0))
           {
               m=k;
               mc++;
           }
          k--;
      }
    return m;
```

```
}
main()
{
    printf("%d\n",fun(500));
}
```

(2) 下列给定程序中函数 fun 的功能是：从个位(个位为新数的第 1 位)开始取出长整型变量 s 中奇数位上的数，依次构成一个新数放在 t 中。例如，当 s 中的数为 1234567 时，t 中的数为 7531。

请改正程序中的错误，使它能得到正确结果。注意：不得增行或删行，也不得更改程序的结构。

【含有错误的源程序】

```
#include<stdio.h>
#include<conio.h>
long fun(long s)
{
    long t=0;
    while(s)
       {
           t=t+s%10;
           s=s%100;
       }
    return t;
}
void main()
{
    long s, t;
    printf("\nPlease enter s: ");
    scanf("%ld", &s);
    t=fun(s);
    printf("The result is: %ld\n ",t);
}
```

3. 编程题

(1) 请编写函数 int fun (int a[][M])，它的功能是：求出一个 4×M 整型二维数组中最小元素的值，并将此值返回调用函数。

注意：部分源程序已经给出。请勿改动主函数 main 和其他函数中的任何内容，仅在函数 fun 的花括号中填入所编写的若干语句。

【源程序】

```
#define M 4
#include <stdio.h>
int fun (int a[][M])
{
        /* 请完善该函数 */
}
```

```
main()
{
    int arr[4][M]={11,3,9,35,42,-4,24,32,6,48,-32,7,23,34,12,-7};
    printf("min=%d\n",fun(arr));
}
```

(2) 请编写一个函数 void fun(char * ss),它的功能是:将 ss 所指字符串中所有下标为偶数(0 位算偶数)位置的字母转换为小写(若该位置上不是字母,则不转换)。例如,若输入 ABC4efG,则应输出 aBc4efg。

注意:部分源程序已经给出。请勿改动函数 main,仅在函数 fun 的花括号中填入所编写的语句。

【源程序】

```
#include<conio.h>
#include<stdio.h>
#include<ctype.h>
void fun(char * ss)
{

    /* 请完善该函数 */

}
void main()
{
   char tt[81];
   clrscr();
   printf("\nPlease enter an string within 80 characters:\n");
   gets(tt);
   printf("\n\nAfter changing, the string\n\%s",tt);
   fun(tt);
   printf("\nbecomes\n \%s\n",tt);
}
```

14.4 实验要求

1. 在编译环境中调试程序并得到正确结果;
2. 实验完成后提交 1、2、3 题的程序文件;
3. 程序文件的命名使用“14_题号_子题号.c”形式,如 14_1_1.c、14_2_2.c 等,并存入以“学号_姓名”命名的文件夹中。

实验 15　综合练习(3)

15.1　实验目的

1. 进一步理解模块化程序设计的内涵；
2. 进一步熟悉函数的定义、调用与返回；
3. 了解上机考试及江苏省计算机等级考试上机部分的试卷题型与解题技巧。

15.2　实验预备工作

本次实验涉及 C 语言上机考试及江苏省计算机等级考试上机考试题型。本实验的形式为改错题和编程题。读者可通过阅读和修改他人的程序和自己编写程序进一步理解 C 语言的编程方法和技巧。

15.3　实验内容

1. 改错题

(1)**【程序功能】**已知指针数组 name 保存了 n 个字符串的首地址。以下程序通过调整指针数组元素的值实现按字典序对 n 个字符串排序；输出排序后指针数组各元素指向的字符串；删除指针数组中以元音字母开头的所有字符串首地址；输出指针数组各元素指向的字符串。

【测试数据与运行结果】

数组初始化数据：

{ "Mary","George","Andy","Tom","Iris" }

输出：

Andy　George　Iris　Mary　Tom

George　Mary　Tom

【含有错误的源程序】

```
#include <stdio.h>
#include <string.h>
#include <ctype.h>
void sort(char *name[],int n)
{   char *ptr;   int i,j,k;
    for(i=0;i<n-1;i++)
```

```
    {   k=i;
        for(j=i+1;j<n;j++)
          if(strcmp(name[k],name[j])>0)   k=j;
        if(k==i)
              ptr=name[i],name[i]=name[k],name[k]=ptr;
    }
}
int delstr(char *name[],int n)
{   int i,j,k;    char c,s[5]={'A','E','O','I','U'},*p;
    for(i=0;i<n;i++)
    {   p=name[i];
        c=p;
        c=toupper(c);   /* toupper(c):若c是小写字母则返回对应大写字母,否则返回c原值*/
        for(k=0;k<5;k++) if(c==s[k]) break;
        if(k>=5)
          {   for(j=i;j<n-1;j++) name[j]=name[j+1];
              n--;i--;
          }
    }
    return n;
}
void print(char *name[],int n)
{   int i;
    for(i=0;i<n;i++) printf("%s   ",name[i]);
    printf("\n");
}
void main()
{   int n=5 ;
    char *name[n]={"Mary","George","Andy","Tom","Iris"};
    sort(name,n);           print(name,n);
    n=delstr(name,n);     print(name,n);
}
```

(2)**【程序功能】**输入一个年份在1900～9999范围内的正确日期,计算并输出该日期是星期几。例如,若输入2008-8-8,应输出Fri(星期五)。

提示:1900年1月1日是Mon(星期一)。能被4整除并且不能被100整除的年份是闰年,能被400整除的年份也是闰年,其他年份则是平年。

【测试数据与运行结果】

第一次运行显示:input a date:

输入:1900-1-1

输出:Mon

第二次运行显示:input a date:

输入:2008-8-8

输出:Fri

【含有错误的源程序】

```
#include<stdio.h>
#define leap(y) ((y)%4==0&&(y)%100!=0 || (y)%400==0)
```

```
int week(int y,int m,int d)
{   static int mon[2][12]={{31,28,31,30,31,30,31,31,30,31,30,31},
                           {31,29,31,30,31,30,31,31,30,31,30,31}};
    int yeard[2]={365,366},i;
    long td=0;
    for(i=1900;i<y;i++)
        td+=yeard[leap(i)];
    for(i=0;i<m;i++)
        td+=mon[leap(y)][i];
    td+=d-1;
    return td%7.0;
}
void main()
{
    int i,y,m,d;
    char wn[7]={"Mon", "Tue","Wed","Thu","Fri","Sat","Sun" };
    puts("\n input a date:");
    scanf("%d-%d-%d",&y,&m,&d);
    puts(wn(week(y,m,d)));
}
```

2. 编程题

(1)**【程序功能】**输入两个正整数 x 和 y($2\leqslant x<100$, $2\leqslant y<1000$),找出所有满足下列条件的整数对(p,q):①p、q 均为正整数;②p、q 的最大公约数等于 x 且最小公倍数等于 y。

提示:p、q 的最小公倍数等于(p * q)/(p、q 的最大公约数)。

【编程要求】

① 编写函数 int numcoup(int x,int y,int a[][2])实现以下功能:查找所有最大公约数是 x 并且最小公倍数是 y 的整数对,若找到则保存这些整数对到 a 指向的数组中,函数返回找到的整数对的个数;若找不到则函数返回 0。

② 编写函数 main 实现以下功能:声明二维数组 a 和变量 x、y,输入两个整数并保存到 x 和 y 中,用 x、y 和 a 数组作为实参调用 numcoup 函数,若找不到满足以上条件的整数对则输出“not found”到屏幕,否则输出 a 数组中数据到屏幕及文件 myf2.out 中。

【测试数据与运行结果】

测试数据:x=4　y=684

输出结果:4　684

36　76

76　36

684　4

(2)**【程序功能】**实现包含一个变元 x 的多项式合并同类项操作。

用结构数组存储一个多项式(一个数组元素存储多项式的一项)。结构数组元素的数据类型定义如下:

```
typedef struct
{  double  coe;                  /* 系数 */
```

```
    int   exp;                          /* 变元 x 的指数 */
}TERM;
```

例如：将多项式$-3x^2+5x+0.5x^2+x-1-2x$按如下形式存储到一个结构数组中。

coe	−3	5	0.5	1	−1	−2
exp	2	1	2	1	0	1

【编程要求】

① 编写函数 int term (TERM a[ ],TERM b[ ],int n)实现以下功能：对 a 指向的数组中保存的多项式实施合并同类项操作，n 为 a 数组中多项式的项数。将合并同类项后得到的多项式保存到 b 指向的数组中。函数返回 b 数组中多项式的项数。算法提示：可以先对 a 数组按 exp 值排序后再做合并同类项操作。

② 编写函数 main 实现以下功能：声明 TERM 型数组 x 和 y，x 数组用于保存合并同类项前多项式各项的系数和指数，y 数组用于保存合并同类项后多项式各项的系数和指数。用 x、y 数组作为实参调用 term 函数。按所给输出格式将 y 数组中的数据输出到屏幕及文件 myf2.out 中。

【测试数据与运行结果】

测试多项式：$-3x^2+5x+0.5x^2+x-1-2x$

输出：$-2.5x^2+4.0x-1.0$

15.4 实验要求

1. 在编译环境中调试程序并得到正确结果；

2. 实验完成后提交 1、2 题的程序文件；

3. 程序文件的命名使用“15_题号_子题号.c”形式，如 15_1_1.c、15_2_2.c 等，并存入以“学号_姓名”命名的文件夹中。

实验 16　综合练习(4)

16.1　实验目的

1. 进一步理解模块化程序设计的内涵；
2. 进一步熟悉函数的定义、调用与返回；
3. 了解上机考试及江苏省计算机等级考试上机部分的试卷题型与解题技巧。

16.2　实验预备工作

本次实验涉及C语言上机考试及江苏省计算机等级考试上机考试题型。本实验的形式为改错题和编程题。读者可通过阅读和修改他人的程序和自己编写程序来更好地掌握一些概念及进一步理解C语言的编程方法和技巧。

16.3　实验内容

1. 改错题

(1)**【程序功能】**验证3～n范围内的任意两个相邻质数的平方之间至少存在4个质数。例如,5和7是两个相邻质数,5^2(25)与7^2(49)之间存在6个质数：29　31　37　41　43　47。

【测试数据与运行结果】

显示：input n：

输入：10

输出：

```
    3～5   k=5
         11  13  17  19  23
    5～7   k=6
         29  31  37  41  43  47
```

【含有错误的源程序】

```
#include <stdio.h>
#include <math.h>
int prime(int n)
{   int i,flag=1;
    for(i=1;i<=sqrt(n);i++)
        if(n%i==0) flag=0;
```

```
    return flag;
}
int fun(int a[ ],int n)
{   int i,k=0;
    for(i=3;i<=n;i++)
        if(prime(i))a[k++]=i;
    return k;
}
void fun1(int m,int n,int b[ ])
{   int i,k=0;
    if(m>n) return 0;
    for(i=m*m;i<n*n;i++)
        if(prime(i))b[k++]=i;
    return k;
}
void main()
{   int a[50]={0},b[100]={0},i,m,k,j,n;
    printf("input n:");
    scanf("%d",&n);
    m=fun(a,n);
    for(i=0;i<m-1;i++)
    {   k=fun1(a[i],a[i+1],b[0]);
        printf("%d~%d    k=%d",a[i],a[i+1],k);
        if (k<4){printf("false");break;}
        for(j=0;j<k;j++)
        {   if(j%10=0) printf("\n");
            printf(" %5d",b[j]);
        }
        printf("\n");
    }
}
```

(2)【程序功能】先将一个正整数转换为十进制数字字符串，再将千位分隔符插入到该字符串中，最后输出该字符串。

【测试数据及运行结果】

输入：1234567

输出：1234567

　　1,234,567

【含有错误的源程序】

```
#include <stdio.h>
#include <string.h>
void ltoa(char s[ ],long num)
{   long n=num,i=0;
    printf("%ld\n",num);
    while(n)
    {   i++;   n/=10;   }
    s[i]= \0 ;
    while(num)
```

```
    {   s[--i]=num%10+'0';      num/=10;
    }
}
void insert(char s[])
{   char j,k,t;
    t=j=strlen(s);
    while(j>3)
    {       j=j-3;
        for(k=t; k>j; k--)
                s[k]=s[k+1];
        s[j]= ',';
        t++;
    }
}
void main()
{   static char s[20];   long num;
    scanf("%d",&num);
    ltoa(s,num);
    insert(s,num);
    puts(s);
    getch();
}
```

2. 编程题

(1)**【程序功能】**在给定范围内查找 k 使得用公式 k^2+k+17 生成的整数满足以下条件：该数的十进制表示中低 3 位数字相同，去掉低 3 位后的整数是回文数。例如，当 k=461 时用公式生成的整数是 212999，该数满足所给条件。

【编程要求】

① 编写函数 int findnum(int n1,int n2,long a[][2])实现以下功能：k 依次取 n1～n2 范围内的每个整数，分别用每个 k 及公式 k^2+k+17 生成整数 y，若 y 满足给定条件，则将 k 值及 y 值保存到 a 指向的数组中，函数返回 a 数组中 k 的个数。

② 编写函数 main 实现以下功能：声明二维数组 a 和变量 n1、n2，输入两个整数并保存到 n1、n2 中，用 n1、n2 及 a 数组作实参调用 findnum 函数，按所给格式输出 a 数组中的数据到屏幕及文件 myf2.out 中。

【测试数据与运行结果】

输入：n1=1，n2=10000

```
输出：k         number
      461       212999
      586       343999
      3839    14741777
```

(2)**【程序功能】**一个整数的“真因子”是指包括 1 但不包括整数自身的因子。

“真因子和数列”是指取一个正整数作为数列首项，首项之后的每一项都是前一项的真因子之和。真因子和数列有几种可能的形式，其中的一种形式是以 1 结束。例如，取 10 作为数列首项，10 的真因子和为 8(1+2+5)，8 的真因子和为 7(1+2+4)，7 的真因子和为 1。

因此,用10生成的真因子和数列(10,8,7,1)以1结束。

编写程序分别以在给定范围内取值的多个正整数作为数列首项,生成多个与其对应的"真因子和数列",这些数列均以1结束。

【编程要求】

① 编写函数 int sequ(int m1,int m2,int num[ ][10])实现以下功能:依次取[m1,m2]范围内每个正整数作为数列首项可生成m2−m1+1个真因子和数列,将其中不超过10项且以1结束的数列保存到num指向的二维数组中,函数返回num数组中存储的数列个数。

② 编写函数main实现以下功能:声明二维数组x和变量m1、m2,输入两个正整数保存到m1和m2中(m1<m2),用m1、m2和数组x作为实参调用sequ函数,按所给格式将二维数组x中的数列输出到屏幕及文件myf2.out中。

【测试数据与运行结果】

输入:m1=21,m2=30

输出:

```
21  11  1
22  14  10  8  7  1
23  1
24  36  55  17  1
26  16  15  9  4  3  1
27  13  1
29  1
```

16.4 实验要求

1. 在编译环境中调试程序并得到正确结果;
2. 实验完成后提交1、2题的程序文件;
3. 程序文件的命名使用"16_题号_子题号.c"形式,如16_1_1.c、16_2_2.c等,并存入以"学号_姓名"命名的文件夹中。

第 2 部分 《C 语言程序设计教程（第二版）》习题解析

第 1 章 程序设计基础

一、选择题

1.【答案】D

【解析】一个 C 程序由若干函数构成，其中有且仅有一个名为 main 的函数。在 C 程序中，注释对程序的运行结果不产生任何影响，可以在除具有独立含义的语句元素之外的任何地方用“/ * ”和“ * /”对程序和语句进行注释，所以选项 D 错。

2.【答案】A

【解析】C 语言的函数定义都是相互平行、独立的，也就是说在定义函数时，不能包含另一个函数的定义，即函数不能嵌套定义。但是在调用一个函数的过程中，被调用函数还可以调用另一个函数，即函数可以嵌套调用，所以选项 B 错。main 函数可以放在程序的任意位置(可以放在程序最前面，或在程序最后，或在一些函数之前，在另一些函数之后)。一个 C 程序总是从 main 函数开始执行，而不论 main 函数在整个程序中的位置如何，所以选项 C 错。标识符中字母的大小写在 C 语言中是有区别的，所以选项 D 错。

3.【答案】D

【解析】C 程序书写自由，一行可以写多条语句，一条语句可以分写在多行上，所以选项 A 错。main 函数可以是空函数，所以选项 B 错。在 C 程序中，注释对程序的运行结果不产生任何影响，使用注释只是为了提高程序的可读性，编译系统不检查注释中的拼写错误，所以选项 C 错。

二、填空题

1.【答案】main

2.【答案】main，main

3.【答案】函数首部，函数体

【解析】函数可以分为函数首部和函数体。函数首部用于指明函数的类型、函数名、参数和参数类型等；函数体(函数首部下方用一对大括号括起来的部分)用来描述每个函数所要执行的具体操作。

4.【答案】声明语句，执行语句

【解析】函数体内的语句一般由声明语句和执行语句两部分组成。声明语句一般用于声明程序中所要用到的数据对象(如变量、数组、文件指针等)，也可以声明函数的原型；执行部分由若干条语句组成。

5.【答案】多条，分多行写，；（分号）

【解析】C程序书写格式自由，一行内可以写几条语句，一条语句可以分写在多行上。语句必须以分号结束，分号是语句的必要组成部分，仅由分号组成的语句称为空语句。

6.【答案】/* ， */

7.【答案】顺序、选择、循环

【解析】顺序结构是程序设计语言的基本结构之一，计算机自动地按语句的顺序逐条执行。选择结构用于在备选动作中作出选择。在一些算法中，经常会出现从某处开始，按一定条件反复执行某些步骤的情况，这样的结构被称为循环结构。

三、问题与程序设计

1.【解析】

S1：输入 a，令 max 等于 a。

S2：n=1。

S3：输入 a，比较 max 与 a，若 max<a，将修正 max 为 a；否则 max 的值不变。

S4：n=n+1。

S5：判断 n 是否小于 10，若是转 S3，否则转 S6。

S6：输出 max，结束。

2.【解析】

S1：输入 n。

S2：n 能被 15 整除吗？若能输出“yes”，否则输出“no”。

3.【解析】

S1：输入 n。

S2：flag=0。

S3：i=2。

S4：n 被 i 除，得余数 r。

S5：如果 r=0，表示 n 能被 i 整除，使 flag=1，转 S8；否则执行 S6。

S6：i=i+1。

S7：如果 $i \leqslant \sqrt{n}$ 并且 flag≠0，返回 S4；否则转 S8。

S8：判断 flag 的值，若 flag=0，输出 n 是“质数”，否则输出 n“不是质数”；结束。

第 2 章　C 语言入门

一、选择题

1.【答案】A

【解析】选项 B 中 1/2 是表达式，"/"代表除法，因此 B 错。可以用一个标识符标识一个常量，但标识符的命名规则为：只能由字母、数字、下划线构成，且第一个字符必须为字母或下划线。选项 C 中 π 不符合标识符的命名规则，因此选项 C 错。选项 D 中(long)1 不是常量，它是表达式，将 1 强制转换为 long int 型，因此选项 D 错。

2.【答案】A

【解析】字符常量是用单引号括起来的一个字符。C 语言中还有一种特殊的字符是转义字符。转义字符以'\'开头，后跟 C 语言约定的一个或几个字符。反斜线后跟 1～3 位八进制数可以用来表示一个 ASCII 字符，B 中'\65'即十进制数值为 53，表示数字字符'5'。C 中'$'是普通符号，表示字符'$'。'\x'后跟 1～2 位十六进制数也可以表示一个 ASCII 字符，选项 D 中'\x41'即十六进制数值为 65，表示大写字母'A'。

3.【答案】A

【解析】指数形式是由十进制数、阶码标志'e'或'E'以及阶码(只能为整数，可以带符号)组成。C 语言规定'e'('E')前必须有数字，'e'('E')后必须是整数。选项 B 中 e3 错。选项 C 中 1.5e3.5 错。选项 D 中 45 是整数。

4.【答案】C

【解析】变量名的命名规则要遵循标识符的命名规则。标识符的命名规则是以字母或下划线开始，后跟字母、数字或下划线。选项 C 中 M·John 不合法，选项 C 错。

5.【答案】C

【解析】这是一个混合运算的表达式，C 系统将表达式 w－x＋z－y 的类型转换为 double 型，最后还得将其值赋给左边的变量 y，而 y 是 float 型，故最终赋值表达式的类型为 float 型。

二、填空题

1.【答案】98

【解析】字符型数据在内存中存放的并不是字符本身，而是该字符的 ASCII 码。

2.【答案】6.5

【解析】(int)x 表示把 x 的值强制转换为 int 类型，因此(int)x 的值为 3。计算 3＋x，由于 x 为 float 类型，系统自动将 3 和 x 转换为 double 型，结果为 6.5。

3.【答案】5,6

4.【答案】22

【解析】在自增运算中，++在先，先加后用；++在后，先用后加。++a 后 a 为 11，再 a++先用 a，而此时的 a 为 11，所以表达式的值为 11+11=22，然后 a 再自加 1 为 12。

5.【答案】0

【解析】表达式 a/=a+a 等价于 a=a/(a+a)，即 a=1/2。

6.【答案】0

【解析】先计算 a%5 结果为 4，计算(int)(x+y)结果为 9，计算 4*9 结果为 36，36%7 结果为 1，计算 1/4 结果为 0。

7.【答案】5

【解析】在赋值运算中，赋值号两边数据对象的类型不同时，赋值号右边对象的类型将转换为左边对象的类型，再进行赋值。表达式 b+=(float)(a+b)/2 即是 b=b+(float)(a+b)/2。先计算(a+b)的值为 7，然后将其转换为 float 型。计算 7.0/2 得 3.5，接着将 b 转换为 double 型，计算 2.0+3.5 的结果为 5.5，最后将 5.5 赋值给 b 时，自动转换为 b 的类型 int，故 b 的值为 5。

8.【答案】6

【解析】fabs(-0.25)的值为 0.25，sqrt(0.25)的值为 0.5，计算 0.5+5.7=6.2，再将 6.2 强制转换为 int 型。

9.【答案】17

【解析】先计算表达式 b=(12,2)，b 的值为 2；再计算表达式(2,b+3)其值为 5，接着运算表达式(5,15+b)其值为 17，最后将 17 赋给 b。

10.【答案】11

【解析】'\007'表示 ASCII 码值为 7 的字符，'\n'表示回车换行，包括英文字母、空格、!、字符串的结束标记'\0'等，一共 11 个字符。

第3章　基本控制结构

一、选择题

1.【答案】D

【解析】putchar 用于在屏幕上输出一个字符，其中括号中的输出对象可以是字符变量、字符常量、转义字符或能有效表示一个字符的整数。

2.【答案】D

【解析】C 语言规定 scanf 函数中必须有输入项，且输入项必须是地址，因此选项 A、B 错。实型数据在输入时不能规定精度，因此选项 C 错。

3.【答案】B

【解析】求余运算符“%”左右两边的运算对象必须都为整型数据，因此选项 B 错。

4.【答案】A

【解析】ch 为字符变量，其中只能存放一个字符，因此选项 A 错。

5.【答案】C

【解析】在选项 A 中给变量 a,b,c 赋值，但变量 b,c 没有定义，有语法错误。选项 B 中只能完成给 c 赋值 5。选项 D 未定义变量 a,b,c。因此正确答案为 C。

6.【答案】D

【解析】逻辑运算的对象可以是 C 语言中任意合法的表达式。表达式的值为非零时，被处理为“真”；值为 0 时，被处理为“假”。

7.【答案】C

【解析】“&&”运算的优先级高于“||”运算。因此正确答案为 C。

8.【答案】C

【解析】若 A 为奇数，则表达式 A%2==1 的值为真；表达式“!(A%2==0)”的值为真。“A%2”的值非 0 即为真；“!(A%2)”的结果为 0，因此选择 C。

9.【答案】C

【解析】在 C 语言中，为了提高程序执行的效率，在对逻辑表达式的求值过程中，采用“短路”求值(或称为表达式优化处理)的方法，即并不是所有的逻辑运算符都会被执行，只是在必须执行下一个逻辑运算符才能求出表达式的值时，才执行该运算符。本题中，“||”运算符前的++a 计算后，值为 2，即为真，整个表达式的值已经确定，因此“||”运算符后的表达式将不执行，故 b 的值仍为 1。

10.【答案】C

【解析】由于逻辑运算符“&&”前的表达式中，w>x 的值为 0，因此 a 的值为 0，整个逻辑表达式的值已经确定，“&&”运算符后的表达式 b=y>z 将不被执行，因此 b 的值仍保持原值 2。

11.【答案】C

【解析】m 的初值为 5，判断条件 m＋＋＞5 时，即判断 5＞5，然后 m 自加 1 后值为 6。由于 5＞5 的结果为 0，故执行 else 后的语句。输出 6 后，m 自减 1，m 的值为 5。

12.【答案】B

【解析】(exp)a? ＋＋：b＋＋是一个三目条件表达式。三目条件表达式中第一个表达式 exp 表示条件，即当表达式 exp 为真（非 0）时，计算 a＋＋；当表达式 exp 为假（0）时，计算 b＋＋。故条件 exp 等价于条件 exp!＝0，因此答案选择 B。

13.【答案】A

【解析】当表达式 E 为 0 时，!E 的值为 1；当表达式 E 为非 0 时，!E 的值为 0，故条件 !E 等同于 E＝＝0，因此答案选择 A。

14.【答案】C

【解析】需要注意的是，本题中 while 语句的循环体为空，每次循环条件成立时执行 1 次空操作，直到循环控制条件（n＋＋＜2）不成立为止，而使该条件不成立时的 n 值为 3，用 3 判断后 n 会再次自加 1，故退出循环时，n 值为 4。

15.【答案】A

【解析】需要注意的是 while 语句的条件为 a＜b＜c，在 C 语言中，用这种表示法并不表示 b 介于 a、c 之间。a＜b＜c（a，b，c 的值分别为 1，2，2）的计算过程为：先判断 a＜b，结果为 1，再判断 1＜c，结果为 1，故执行一次循环体，结果为 a＝2，b＝1，c＝1；第 2 次判断循环控制条件 a＜b＜c（a，b，c 的值分别为 2，1，1），先判断 a＜b 结果为 0，再判断 0＜c，结果为 1，执行一次循环体，结果为 a＝1，b＝2，c＝0；然后第 3 次判断循环控制条件 a＜b＜c（a，b，c 的值分别为 1，2，0），先判断 a＜b，结果为 1，再判断 1＜c，结果为 0，退出循环。故答案选择 A。

16.【答案】A

【解析】do-while 语句的特点是先执行循环体，然后判断循环条件是否成立，故循环体执行的次数至少为 1 次。while 语句是先判断条件，条件为真时，才执行循环体，故循环体执行的次数可能为 0 次。

17.【答案】B

【解析】for 循环中第 2 个表达式通常表示条件，若缺省该表达式时，编译器默认为条件为真，即为 1。

18.【答案】C

【解析】循环条件（y＝123）&&（x＜4）中，（y＝123）进行的是赋值运算，而不是判断相等，因此 y 的值非 0，每次循环判断时（y＝123）表达式始终为真。而当 x 取值 0，1，2，3 时，（x＜4）条件为真，可以进入循环。当 x 为 4 时，循环条件为假，退出循环。因此循环执行 4 次。

19.【答案】C

【解析】选项 A 中 while 语句的条件是一个永真条件，若要结束循环，必须执行到循环体中的 break 语句。而在循环体中执行 i＝i%100＋1 后，i 的最大值为 100，故 if 语句的条件 i＞100 永远不可能满足，故 A 选项表示的是死循环。选项 B 中由于省略了 for 语句中的所有表达式，循环条件是一个永真条件，故B选项表示的是死循环。选项C中k为int型，k自加到32767后，再加1将发生溢出而使k变为负数，不满足循环条件，退出循环。选项D中，while循环体是空语句，且循环条件永真，是死循环。故选择C。

20.【答案】B

【解析】第一次进入循环体时，x的值为3，执行x－＝2后，x的值为1，输出1。在"！(－－x)"中，x的值先减1，变成0，"！0"的值为1，循环继续。执行"x－＝2"后，x的值为－2，输出－2。在"！(－－x)"中，x的值先减1，变成－3，"！(－3)"的值为0，退出循环，故答案选择B。

二、填空题

1.【答案】10，15，10

【解析】z＝10，y＝10＋5＝15，x＝15－5＝10。

2.【答案】C：dec＝65，oct＝101，hex＝41，ASCII＝A

【解析】将字符'A'分别以十进制整数、八进制数、十六进制数和ASCII字符形式输出。

3.【答案】scanf("%f"，&x)；

4.【答案】－14

【解析】先计算x＝x－(x＋x)＝7－(7＋7)＝－7，再计算x＝x＋(－7)＝(－7)＋(－7)＝－14。

5.【答案】交换变量a和b的值。

6.【答案】y%2＝＝1或y%2或y%2！＝0

7.【答案】2，1

【解析】三目条件运算优先于赋值运算，先计算表达式"(i＝1，i＋9)＞9？i＋＋：＋＋i"，在此表达式中，先判断条件(i＝1，i＋9)＞9的真假，i的值为1，10＞9为真，执行i＋＋，即最终执行的语句是"j＝i＋＋；"。

8.【答案】(x＞2&&x＜3)||(x＜－10)

9.【答案】20

【解析】因为a＝0，因此if(a)中的条件为假，执行else子句中的语句if(！b)，因为b＝1，故"！b"为假，其内嵌的if语句不会执行，因此d保持原值20。

10.【答案】＊＊1＊＊＊＊3＊＊

【解析】因为x＝1，执行外层switch语句中case 1后的switch语句，因为y＝0，执行内层switch语句中case 0后的语句，输出＊＊1＊＊，接着执行break，跳出内层switch语句，执行外层case 2后的语句，输出＊＊3＊＊。

11.【答案】a＝2，b＝1

【解析】因为x＝1，执行外层case 1后的switch语句，因为y＝0，执行内层case 0后的a＋＋，a的值为1，接着执行break，跳出内层switch，然后执行外层case 2后的a＋＋，b＋＋，故a的值为2，b的值为1。

12.【答案】36

【解析】本题需要注意两点，一是循环的条件n等价于条件"n！＝0"；二是循环体内的两条语句中,k＊=n%10 表示取 n 的个位并累乘到 k 变量中; n/=10 表示去掉 n 的个位(因为 n 为整型变量,做整除)。所以题中 do-while 循环的功能是从低位开始依次取出 n 的各位数字并累乘到变量 k 中。

13.【答案】2＊x+4＊y==90

14.【答案】x=1,y=20

【解析】本题循环体共执行 4 次。每次进入循环之前 i 的取值分别为 0,3,5,7。

15.【答案】＊＊＊＊＊＊＊＊#

【解析】j 的初值为 4,循环条件即为 i<=8,由于 i 的增量是 1,共循环 5 次。当 i=4,5,6,7 时,表达式 i/j 的值是 1,故执行 case 1 后的"printf(" ＊＊ ");"语句,每次执行后遇到 break 跳出 switch 结构,进入下一次循环。4 次共输出 8 个"＊"。当 i=8 时,表达式 i/j 的值为 2,故执行 case 2 后的"printf("#");"语句,输出一个"#"号后循环结束。

16.【答案】i=6,k=4

【解析】需要注意的是,循环条件 i=k−1 是赋值表达式,每次执行 while 语句时将 k−1 的值赋给 i。i 值非 0 时即代表真,执行循环体; i 值为 0 时即代表假,退出循环。本题循环共进行 5 次,当 k 等于 4 时,满足条件 k<5,执行 break 退出循环。

17.【答案】i<10,j%3!=0

【解析】本题中语句"j=i＊10+6;"欲描述 100 以内所有个位数为 6 的两位数,因此 for 循的控制条件应为 i<10。当 j 不是 3 的倍数时,进入下一次循环,否则输出该数,因此 if 后的条件应为"j%3!=0"。

18.【答案】2 5 8 11 14

【解析】循环体中若 i 被 3 除余数为 2,则输出 i,否则进入下一次循环。由于循环条件是 i<=15,因此本题输出的是所有满足被 3 除余数为 2 并且小于 15 的 i 值。

19.【答案】k,k/10,continue

【解析】程序中 while 循环是将整数 k 的各位数字分离,并将分离出的各位数字累加到变量 s 中。如果各位数字之和不等于 5,则结束本次循环,否则执行 if 语句的后续语句,即 count++,统计满足条件的数的个数。

20.【答案】3 1 −1

【解析】需要注意的是,无论 i 怎样变化,表达式 i%2 的值为 0 或 1,故题中 switch 语句的 case 标号不可能被满足,case 标号后的语句也不可能被执行,而该 switch 语句中又缺省了 default,故 do-while 循环中的 switch 语句没有效果。由于 i 的初值为 5,故第一次执行循环语句输出 3,第二次输出 1,第三次输出−1,再判断条件 i>0 时不成立,结束循环。

第4章　函　　数

一、选择题

1.【答案】C

【解析】简单变量做实参时,实参对形参的数据传递是单向"值传递",即只能由实参传给形参。在内存中,实参和形参占用不同的存储单元,即使同名也占用不同的存储单元。

2.【答案】B

【解析】C 语言中,应当在定义函数时指定函数的类型,缺省时编译器默认为 int 型。

3.【答案】A

【解析】函数的形参属于动态变量,在函数被调用时,形参才能获取内存单元,函数调用结束后立刻释放形参单元。

4.【答案】D

【解析】不同函数中可以使用相同名字的变量,他们代表不同的对象,在内存中占不同的单元,互不干扰。形式参数是局部变量,在调用函数时,给形参分配存储单元,并将实参的值传递给形参,调用结束后,形参单元被释放。在一个函数内部声明的变量是内部变量,它在本函数范围内有效,在此函数以外是不能使用这些变量的。在一个函数内部的复合语句中也可以声明变量,但这些变量只在本复合语句中有效。

5.【答案】D

【解析】在定义函数时,函数的类型一般应该和 return 语句中的表达式类型一致。如果函数的类型和 return 语句中的表达式类型不一致,则以函数类型为准,故选项 A 错。函数调用的方式有 3 种：函数语句(把函数调用作为一个语句)、函数表达式(函数调用出现在一个表达式中)、函数参数(函数调用作为一个函数的实参),因此选项 B 错。全局变量的作用域也可以在一个函数范围内,选项 C 错。

二、填空题

1.【答案】k/10,k%10

【解析】本题主要掌握对整数各位进行分离的方法。程序中 a2 用来存放十位数,a1 用来存放个位数,也可以互换。

2.【答案】9

【解析】fun 函数是将实参传来的两个整型参数相加,把和作为函数值返回,注意返回值为 float 型。在主函数中调用了两次 fun 函数,第 1 次调用时对表达式 a+c 与变量 b 的值求和,得到 15,转换为实型数作为函数的返回值。第 2 次调用时把第 1 次调用的返回值通过强制类型转换成 int 型数 15,再与表达式 a－c 相加,得到结果 9,转换为 float 型作为函数值返回。由于输出格式符为%3.0f,输出时小数点后保留 0 位,故输出结果为 9。

3.【答案】1 1 1

【解析】本题定义了一个 fun 函数,在该函数中,x 是自动变量,执行完 fun 函数后,自动释放 x 所占的内存单元。因此,每次调用 fun 函数,x 都被重新分配空间并赋值 0。

4.【答案】5,25

【解析】需要注意的是,main 函数中的语句"extern int x,y;"扩展了外部变量 x,y 的作用域,使 x,y 在 main 函数也可以使用,所以本例中,main 函数和 num 函数中的 x 和 y 是相同的变量,在 num 函数中,x 和 y 的值变为 5 和 25,返回到主函数时,输出的是变化后的 x,y 的值,即 x＝5,y＝25。

5.【答案】7911

【解析】需要注意的是,f 函数内的 b 为动态局部变量(每次执行时分配空间及初始化),c 为静态局部变量(编译时分配空间及初始化,以后不再执行),每次调用 f 函数后,b 变量被释放,而 c 变量在程序的整个运行期间都占用固定存储单元,并且变量中的值具有"继承"的特点,即后一次函数调用 c 时 c 的值为前一次该函数调用结束时的 c 值。

6.【答案】8,17

【解析】本题需要注意两点:一是 func 函数内的 m,i 为静态局部变量,每次调用函数结束后不释放;二是 main 函数和 func 函数中的 m 是不同的变量,因此两次调用 func 函数时的形式都是 p＝func(4,1)。

7.【答案】10,20,40,40

【解析】x1,x2 是全局变量。x3,x4 是局部变量。第一次调用 sub 函数后,由于简单变量的传递是值传递,因此 x1＝10,x3,x4 的值不变。第二次调用 sub 函数后,x1＝40,x2 的值不变。

8.【答案】j＝1,y＞＝1,y－－

【解析】pow 函数的作用是求 x 的 y 次幂。在修改后的 pow 函数中,循环体为 j＝j＊x,但 j 没有赋初值,因此第一个表达式为 j＝1;y 用来控制循环执行的次数,y 的值由实参传递。

第5章 数　组

一、选择题

1.【答案】D

【解析】在声明数组时，数组名后是方括号括起来的整型常量表达式；在引用数组元素时，下标可用任意类型的表达式，系统自动取整。不过程序员得自行检查数组的下标是否越界。

2.【答案】C

【解析】数组名代表数组的首地址，在编译时已经确定，它是常量，程序运行期间，其值不再被改变，故不允许出现在赋值号的左边。

3.【答案】C

【解析】本题 sp 数组所存储的字符串中，\x69 是一个转义字符，\x 后可以跟 1 到 2 位十六进制数；"\"后也可以跟 1 到 3 位八进制数，由于 8 不是八进制数中的一个有效数字，故 sp 字符串中的\082 不能理解为"\"后跟了 3 位八进制数，而应理解为有\0、8 和 2 三个字符。又因为 '\0 '是字符串的结束标志，用 strlen(sp)计算串长时，只计算自实参 sp 给定的地址开始至首次遇到 '\0 '之前的字符个数，故答案选择 C。

4.【答案】D

【解析】系统自动在字符串常量后面加一个 '\0 '作为结束符。因此 ABCDEF 在内存中占用 7 个字节。而根据初始化时给定字符的个数，B 数组隐含声明的长度为 6。

5.【答案】C

【解析】C 语言规定，如果对二维数组初始化，则声明数组时可以缺省第一维的长度，但第二维的长度不能缺省，因此选项 A、B 错。又由于"aaaa"等字符串在内存中实际占 5 个字节，因此选项 D 错。

6.【答案】A

【解析】数组名代表数组的首地址，用它做实参时，传递给形参的是实参数组所占内存空间的首地址，这样，通过形参便可访问实参数组的内存区。

二、填空题

1.【答案】统计以－1 结束的输入流中(流中只能出现 1,2,3 和－1)1,2,3 的个数

【解析】本程序中，第一个 for 循环对 a[1]，a[2]，a[3]三个数组元素赋值 0，相当于设置了三个计数器。当输入 x 时，while 循环执行 a[x]＝a[x]＋1，即对下标为 x 的数组元素加 1(此语句很巧妙地将输入的 x 值与数组下标关联起来，从而省略了判断)，因此该程序可以用

于统计输入的数据流（只能包含1,2,3或－1四个数字，并且以－1作为输入结束标志）中1,2,3分别出现的次数。

2.【答案】10 4 6 8 2 4 6 12 2 14

【解析】本程序中，通过while循环输入n个大于等于0的整数（以小于或等于－1作为输入结束标志）；利用语句“if(b[i]%2==0)b[++j]=b[i];”巧妙地完成了将数组b中的偶数存储到了该数组的前端。

3.【答案】

(1) 10 8 6 5 4 2

(2) 15 10 8 6 4 2

(3) 10 10 8 6 4 2

【解析】本程序的作用是将整数x插入到有序数组中使数组仍然按原来的顺序有序。while循环用来在数组中从后往前查找x的插入位置，如果当前位置不是x的插入位置则使数组元素后移一个单位。

4.【答案】a[i],i++,b[j],j++

【解析】本程序实现了两个有序数组的归并排序。在while循环中，比较a数组和b数组中的元素，将小的元素放到c数组中。

5.【答案】&x,2,++k,2

【解析】十进制整数转换为二进制整数的方法是：除2求余数，直到商为0为止，倒序打印余数。do-while循环中利用r=x%2求x的余数，利用b[++k]=r将余数放到数组中，x/=2可以求出x被2整除后的商。

第6章　指　　针

一、选择题

1.【答案】B

【解析】第1次调用sub函数时，实参10和5分别"单向值传递"给形参变量x和y，实参&a将变量a的指针传递给形参指针变量z，使z指向实参变量a所占的存储单元，在sub函数中执行语句"*z=y-x;"，本次函数调用中a变量的值经*z修改为-5；第2次调用sub函数时，实参7、-5和&b分别传递给形参x、y和指针变量z，执行语句"*z=y-x;"后，实参变量b的值经*z修改为-12；第3次调用sub函数时，实参-5、-12和&c分别传递给形参x、y和指针变量z，执行语句"*z=y-x;"后，实参变量c的值经*z修改为-7。所以选B。

2.【答案】D

【解析】源程序中，调用swap函数时所用的实参分别是&a和&b，而定义swap函数时的形参是整型变量p和q，实参和形参不匹配，所以选项A错。若实参改为a和b，由于实参"单向值传递"给形参方式，形参和实参均是局部变量，形参值的改变不会影响实参，所以选项B错。若将形参p,q定义为指针，调用函数以&a和&b作为实参传递给形参指针变量p和q，虽使指针变量p和q分别指向了实参a和b所占的存储空间，但执行函数体中的语句后，仅使p,q指向的指向交换了，a和b的值并没有交换，所以选项C错。

3.【答案】B

【解析】ptr1,ptr2指向k，所以*ptr1,*ptr2与k等价。选项A等价于k=k+k。选项C中ptr1,ptr2均是指向整型变量的指针变量，所以可以相互赋值。选项D等价于k=k*k。一般情况下，不要将一个整数赋予指针变量，那样会引起"不可移动的指针（地址常数）赋值(Non-portable pointer assignment)"的警告错误，所以选项B错。

4.【答案】C

【解析】选项A中，语句"char *a="China";"把字符串常量的首地址赋给指针变量a，字符型的指针变量用于接收字符串的首地址，因此语句"*a="China";"是错误的，选项A错。C编译器规定，可以在声明字符数组时对其进行初始化，但"str[]={"China"};"的表示既非数组元素引用，又非地址引用，因此选项B错。选项C表示将字符串"China"的首地址赋给指针变量s，选项C对。选项D中，语句有语法错，因此选项D错。

5.【答案】C

【解析】s所指向的字符串中有以下字符：'\t','a','\017','b','c','\0'。

6.【答案】C

【解析】for循环语句描述了当s指向的字符不是'\0'时执行循环体，即遇到'\0'时循环结束，而 s 指向的字符串中分别有字符 '\t'，'a'，'\01'，'8'，'b'，'c'和 '\0'。需要注意是，八进制数中只能用数字 0，1，2，3，4，5，6，7。

7.【答案】C

【解析】字符串"ABCDE"存放时需要占用 6 个字节的存储空间，所以选项 A 错。字符串后应该有 '\0'作为结束标志，选项 B 错。C 表示将串"ABCDE"的首地址赋给指针变量 s，C 正确。选项 D 中仅声明了指针变量 s，s 并没有确定的指向，因此，从键盘上输入一个字符串存储到 s 指向的空间时潜在着危险，因为 s 指向的存储空间不可预料，故选项 D 错。

8.【答案】A

【解析】指针变量 s 被初始化为串"abcde"的首地址，然后 s 指针向后移两个单位，指向字符 'c'，因此输出结果为字符串"cde"。

9.【答案】D

【解析】语句"p=s;"把存放字符串的字符数组 s 的首地址赋给指针变量 p，使 p 指向字符串的第一个字符，所以 *p 的值即为 s[0]，选项 D 正确。s 是一个字符数组，而 p 是一个指针变量，使用方法不完全相同，选项 A 错。p 中存放的是地址，而 s 中存放的是若干个字符，选项 B 错。s 数组长度是 6，而 p 所指字符串的长度是 5，选项 C 错。

10.【答案】C

【解析】选项 A 中，字符数组名 str 代表该数组的首地址，而 &str+1 表示 str 数组最后一个元素之后的存储空间的地址，从键盘上输入字符串赋予字符数组时，正确的 scanf 函数调用语句应该为"sacnf("%s"，str);"，所以选项 A 错。选项 B 中，仅声明了指针变量 p，p 应该指向确定的存储单元后，才能用 scanf 函数调用语句输入字符串存储到指针变量 p 所指向的空间，所以选项 B 错。选项 C 中，&str[2]表示确定输入串的首地址，将输入的字符依次放到从 str[2]开始的单元中，所以选项 C 正确。选项 D 中，scanf 函数调用语句要求输入项为地址，而 p[2]不是地址，所以选项 D 错。

11.【答案】B

【解析】该程序段中，将字符串的地址赋给字符指针变量 p 后，p 就指向了该字符串的第一个字符，p+3 表示指针 p 向高地址方向偏移 3 个单位后的存储空间的地址，该存储空间中存放的是字符 '\0'，'\0'的 ASCII 码值为 0，所以选项 B 正确。

12.【答案】C

【解析】程序段中，语句"p+=3;"将 p 指针向高地址方向偏移了 3 个单位，即指向了字符 'd'，函数调用表达式"strcpy(p，"ABCD")"将串"ABCD"(连同串后的 '\0')复制到 p 所指向的存储空间中。函数调用 strlen(p)的功能是求 p 指向字符串的长度，结果为 4。

13.【答案】B

【解析】数组名表示数组的首地址，是常量，不能出现在赋值号的左边。

14.【答案】C

【解析】如果有声明语句"int a[5];"，则 a+1，&a[1]均代表元素 a[1]的地址；而 &a 和 a 的值虽然均为数组 a 的首地址，但对于一维数组，一般不用 &a 来表示，因为 a+1 表示向高地址方向偏移 1 个单位，而 &a+1 则向高地址方向偏移 5 个单位(即数组 a 的长度)，所以选项 C 是正确的。

二、填空题

1.【答案】0 1 3 6

【解析】阅读本程序时需要注意两点：一是在 sub 函数中，t 是静态局部变量，其存储空间的分配及初始化是在编译阶段进行的，且每次函数调用结束后所占的存储空间不释放，因此下一次函数调用所用的 t 值为上一次函数调用时 t 的结果值；二是进行函数调用时，形参指针变量 s 获得变量 i 的地址，因此 * s 等于 i。

2.【答案】gae

【解析】本程序的功能是比较两个数组中对应位置上的元素，将相同的字符输出。

3.【答案】'\0',s

【解析】字符串末尾应加上结束标志'\0'。要输出结果字符串，应使指针 p 获得数组的首地址。

4.【答案】hELLO

【解析】strcpy(s,sp)将字符串"HELLO"复制到 s 数组中，从 s[0]开始依次存放。s[0]='h'将 s[0]单元的内容修改为'h'，其他元素的值保持不变。

5.【答案】12345

【解析】循环体中 * p-'0'的作用是将 * p 表示的数字字符转换为对应的数值。

6.【答案】#9

【解析】本程序，用 s1 指向的字符串("book")和 s2 指向的字符串("book.")作为实参调用函数 strcmp，由于 s1 串小于 s2 串，函数 strcmp 的返回值为负整数，所以！strcmp(s1,s2)的值为 0，执行 else 后的语句。strcat(s1,s2)将 s2 所指字符串连接到 s1 所指字符串的后面，并自动覆盖 s1 串末尾的'\0'，因此新串的长度为 9。

7.【答案】p1++，* p2

【解析】在不使用库函数的情况下，如果要实现字符串的连接，首先要找到串 1 的尾空，函数 conj 中第一个循环便是要找串 1 的尾空，因此填 p1++，直到 p1 指向结束标志'\0'循环终止；第二个循环完成将串 2 中的所有字符依次赋值到串 1 尾空开始的位置，所以填 * p1=* p2(将 p2 所指的字符赋到 p1 所指的单元中)，并使 p1,p2 指针同时向高地址方向移到 1 个单位。

8.【答案】2

【解析】p 指向 a[1]，因此 * p 就是 a[1]，++(* p)就是++(a[1])，即把 a[1]的值加 1。

9.【答案】1

【解析】p 指向 a[2]，执行 * --p 就是先执行--p，结果 p 指向 a[1]，再取 a[1]的值为 1。

10.【答案】x,i--,i!=0

【解析】查找的思路是：将 x 放在 a[0]单元，在数组中从后往前依次进行比较，若和 a[i]相等，则退出循环。若 i 大于 0，说明在数组中找到了和 x 匹配的元素，若 i 等于 0，说明没找到。

第7章　函数进阶和结构化编程

一、选择题

1.【答案】D

【解析】在C语言源程序中允许用一个标识符来表示一个字符串，这个标识符被称为“宏”。被定义为“宏”的标识符称为“宏名”。在编译预处理时，对程序中所有出现的“宏名”，都用宏定义中的字符串去代换(字符串中的宏名和注释中的宏名除外)。

2.【答案】C

【解析】编译预处理命令以＃号开头，它占用一个单独的书写行。C程序对预处理命令行的处理不是在程序执行的过程中进行的，而是在编译前进行。

二、填空题

1.【答案】365

【解析】该程序中，函数func是一个递归函数。程序执行过程如图2.1所示。

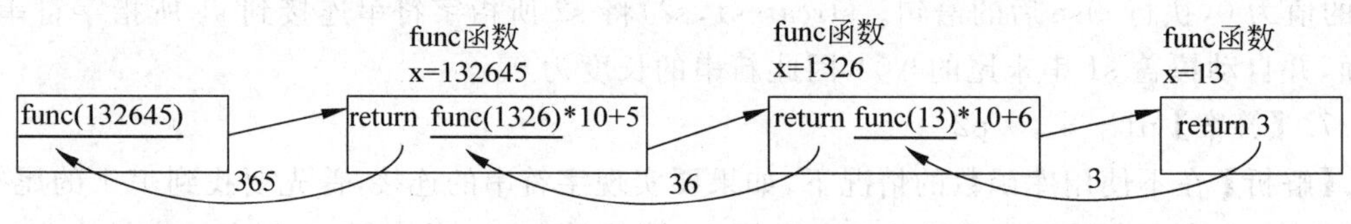

图2.1　填空题1程序执行过程示意图

2.【答案】3600

【解析】该程序中，函数fun是递归函数。阅读该程序时需要注意的是：语句“int w=3;”声明了全局变量w，main函数中的语句“int w=10;”声明了局部变量w，C语言规定，若全局变量和局部变量同名时，在局部变量的作用范围内，与之同名的全局变量被“屏蔽”，即它不起作用。因此在main函数内表达式中的w是局部变量，其值为10，而在fun函数内表达式中的w为全局变量，其值为3。程序执行过程如图2.2所示。

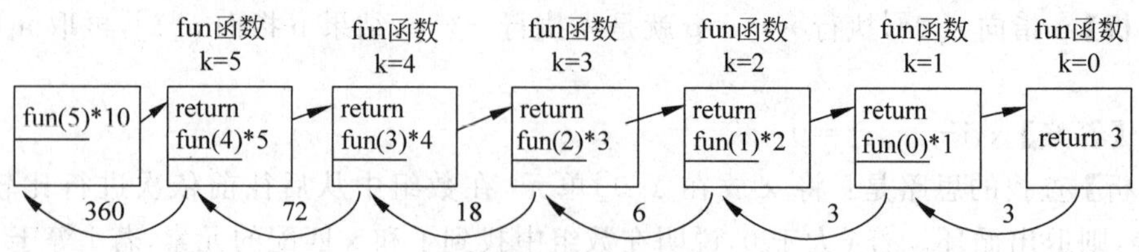

图2.2　填空题2程序执行过程示意图

3.【答案】880

【解析】v＝WIDTH＋40＊20＝80＋40＊20＝880。

4.【答案】2400

【解析】v＝(WIDTH＋40)＊20＝(80＋40)＊20＝2400。

5.【答案】5

【解析】带参的宏展开如下：t＝DOUBLE(x＋y)＝x＋y＊x＋y＝1＋2＊1＋2＝5。

6.【答案】x＝9,y＝5

【解析】在main函数中，语句“EXCH(x,y);”在编译前用字符串“{int t; t＝a; a＝b; b＝t;}”进行宏代换，并用x和y分别取代字符串中的a和b，因此完成了x,y两个变量值的交换。

第 8 章　结构和联合

一、选择题

1.【答案】A

【解析】为结构变量分配存储空间时是按照其对应的各成员项的定义顺序进行的。同一结构类型的每个结构变量，其存储空间的大小都相同，是各成员项所占空间之和。

2.【答案】A

3.【答案】D

【解析】在该程序段中，定义结构类型的同时声明了长度为 5 的结构数组 pup 和结构指针 p，并使 p 指向数组 pup 的第一个元素，因此 p－>age 引用了 pup[0]. age，它表示的是一个值，而不是一个地址。但 scanf 函数调用中，输入项应该用地址，因此答案为 D。

4.【答案】B

【解析】在 C 语言中，typedef 可以为一个已定义的类型取一个别名，而不是一种新的类型，因此答案为 B。

二、填空题

1.【答案】printf("%c\n",class[2]. name[0])；

2.【答案】6

【解析】cnum[0]. x 的值是 1，cnum[0]. y 的值是 3，cnum[1]. x 的值是 2，cnum[1]. y 的值是 7。

3.【答案】sizeof(bt)或 sizeof bt 或 sizeof(struct ps)

【解析】sizeof 有 3 种格式：sizeof 表达式、sizeof（表达式）和 sizeof（类型名），用于求指定的某种数据类型在计算机中所分配或占用的存储空间的大小。

4.【答案】strcmp(str,stu[i]. name)＝＝0，break

【解析】查询时，用 str 和 stu[i]. name 进行比较，如果找到了，就利用 break 退出循环。字符串的比较用 strcmp 函数完成。

第9章　指针进阶

一、选择题

1.【答案】C

【解析】声明语句中，a 是一个 4 行 3 列的二维数组，选项 A 中的表达式 a[1][2]的值为 6；p 是一个指向二维数组元素的指针，其初值为 a[1]，则选项 B 中的表达式 *(p+2)与 *(a[1]+2)等价，即为 a[1][2]；q 是一个行指针，指向每行包含 3 个整型元素的二维数组，因 q 的初值是 a，故 q[1][2]即为 a[1][2]；选项 C 中的表达式 **(q+1)与 *(*(q+1)+0)等价，即为 q[1][0]，其值为 4。因此选 C。

2.【答案】C

【解析】声明语句中，a 是一个 N 行 M 列的二维数组，所以 *a[k]表示第 k+1(行下标为 k)行一维数组中第 1(列下标为 0)列的元素。选项 A、B、D 都代表 a[k][0]的地址，而选项 C 代表 a[k][0]元素。因此选 C。

3.【答案】B

【解析】声明二维数组时，第二维大小不能省略，因此选项 C、D 错。选项 A 中定义的二维数组只有 2 行 3 列，而初始化时的字符串为 3 个，需要 3 行存放，因此选项 A 错。

4.【答案】B

【解析】声明语句中，p 是一个指针变量，其初值为 &a，p[0]、*(p+0)与 *p 等价，其值为 a，选项 A 正确；c 是一个 3 行 4 列的二维数组，p=c[2]表示令 p 指向 c 的第 3(行下标为 2)行，因此选项 D 正确；e 是一个长度为 4 的指针数组，e 中的每一个元素均可存放一个地址值，因此选项 C 正确；d 是一个指向长度为 4 的一维数组的指针变量，d 中可以存放一维数组的地址，而 d[0]中是元素的值，因此选项 B 错。

5.【答案】B

【解析】选项 A 中 *((++p)->y+1)表示先使 p 自加 1，p 指向 a[1]，取 a[1].y，即串"ab"的首地址，该地址再加 1 后取其指向单元的值，因此取出的为字符'd'。选项 C 中 *(++p)->y+1 表示先使 p 自加 1，p 指向 a[1]，取 a[1].y，然后取该地址指向单元的内容'c'再加 1，因此输出'd'。选项 D 中 *++(++p)->y 表示先使 p 自加 1，p 指向 a[1]，取 a[1].y，该地址再加 1 后取其指向单元的值，因此取出的为字符'd'。选项 B 中 ++(++p)->y 表示先使 p 自加 1，p 指向 a[1]，取 a[1].y，即串"ab"的首地址，该地址再自加 1，事实上，选项 B 中的表达式++(++p)->y 是一个地址。所以选择 B。

6.【答案】D

【解析】由线性链表的定义可知，要将 q 和 r 所指的结点交换前后位置，只要使 p 的后继结点为 r 结点，r 的后继结点为 q 结点即可。选项 A、B、C 都可以完成此功能。而在选项

D中,r－＞next＝q,这时r的后继结点为q; p－＞next＝r,这时p的后继结点为r; q－＞next＝r－＞next,这时因为r的后继结点已经是q,所以执行这个语句后q的后继结点为q,因此选项D不能完成题中要求的操作。

7.【答案】D

【解析】由线性链表的定义可知,要将q所指的结点删除,只要使q结点的后继结点成为p结点的后继结点,然后删除q结点即可,因此答案为D。

二、填空题

1.【答案】20

【解析】本程序fun函数中,语句"p=(int *)malloc(sizeof(int));"表示在内存的动态存储区中分配一个长度为两个字节的连续空间,并使p指向该空间的起始地址。main函数中,用10作为实在参数调用fun函数,形参n的值为10,*p=n将10赋值给变量p所指的内存空间,调用函数的返回值为10。因此最后打印的结果为20。

2.【答案】31

【解析】main函数中,声明a是一个4行4列的二维数组,用a,4和0作为实在参数调用fun函数,执行语句"m=s[0][k];"后执行for循环,for循环的作用是将m通过与同列其他元素s[1][k]、s[2][k]、s[3][k]的比较找出最大的数并赋值给m,因此,fun(a,4,0)的功能是:找出行数为4的二维数组a中列下标为0的列中元素的最大值。

3.【答案】6

【解析】源程序中函数f的功能是:利用冒泡排序法对一组字符串进行升序排序。因此排序完成后,p[0]中存放了最小字符串aabdfg的首地址。

第 10 章　文　　件

一、选择题

1. 【答案】A

【解析】从操作系统的角度看，每一个与主机相联的输入/输出设备都被看成是一个文件。键盘是标准的输入文件，显示器是标准的输出文件。

2. 【答案】B

3. 【答案】B

【解析】“ab+”表示为在文件后面添加数据而打开二进制文件。文件不存在时则建立一个新文件；如果指定的文件存在，则文件中原有的内容将保存，新的数据写在原有内容之后，可由位置函数设置开始读的起始位置。“wb+”表示建立一个新文件进行写操作。如果指定的文件已经存在，则原有文件的内容全部消失。在随后的读和写时，可由位置函数设置读和写的起始位置。“rb+”表示为读和写打开一个二进制文件，文件必须存在。在读和写时，可由位置函数设置开始读和写的起始位置。“ab”表示为在文件后面添加数据而打开一个二进制文件。文件不存在时则建立一个新文件；如果指定的文件已经存在，则文件中原有的内容将保存，新的数据写在原有内容之后。

二、填空题

1. 【答案】FILE *zx;

【解析】语句“zx=fopen("myf2.out","r");”表明变量 zx 是一个指向文件类型的指针变量，因此应用“FILE *zx;”对 zx 进行声明。

2. 【答案】键盘，显示器

3. 【答案】fp=fopen(filename, "w")　ch,fp　fclose(fp)

【解析】语句“fp=fopen(filename,"w");”表示以写方式打开文件 filename，并使 fp 指向该文件。while 循环的功能是：将键盘上读入的字符流（以字符 $ 结束）依次写入 fp（执行语句“fputc(ch,fp);”）所指向的文件中。一般地，为了保证数据的完整性，读写文件结束后要关闭文件（执行语句“fclose(fp);”）。

4. 【答案】abcdefghi,9

【解析】main 函数中，执行语句“fwrite(a,1,strlen(a),fp);”将数组 a 中的结束标志'\0'前的字符写入文件，语句“rewind(fp);”将文件的读写位置指针定位于文件开头，通过 while 循环将从文件中逐一读出的字符输出到屏幕，并在输出过程中统计输出的字符个数 n。

第3部分　C语言考点及试题分析

1　C 语言的基本概念

考点 1　源程序的格式、风格和结构

◇ **考核知识重点与难点**

1. C 语言是一种函数式语言。一个 C 语言源程序可以由多个函数构成，其中有且仅有一个名为 main 的函数。不论 main 函数的位置在前或在后，程序总是从 main 函数开始执行，在 main 函数的执行过程中直接或间接地调用其他函数。

2. 函数由函数首部和函数体两部分组成，函数体必须用花括号括起来。具体形式为：

```
函数类型　函数名(数据类型　形参 1,数据类型　形参 2,…)　　/* 函数首部 */
{ 声明语句　　　　　　　　　　　　　　　　　　　　　　　　/* 函数体 */
  执行语句
}
```

3. 在 C 语言中，语句必须以分号结束。一行内可以写多条语句，一条语句也可以跨行书写。

4. C 语言中严格区分字母的大小写。

5. C 程序中，可利用注释(/ * 和 * /内的内容)增加程序的可读性，编译系统在编译程序时将忽略注释。

◇ **典型试题分析**

1. 以下叙述中，正确的是________。

A. C 程序的基本组成单位是语句　　B. C 程序中的每一行只能写一条语句

C. C 语句必须以分号结束　　D. C 语句必须在一行内写完

【答案】C

【解析】C 语言程序是由函数构成的，它的基本组成单位是函数，选项 A 错。程序中一行内可写多条语句，一条语句也可以分多行书写，选项 B 和 D 错。

2. 一个用 C 语言编写的源程序中，________是必不可少的。　（江苏，2004 春）

A. 取名为 main 的函数定义　　B. #include<stdio.h>

C. 变量声明　　D. 注释

【答案】A

3. 下列各选项都是在 C 语言程序段中增加的注释，其中注释方法错误的是________。

（江苏，2006 春）

A.
```
void main (/ * int argc,char * argv[] * /)
{ }
```

B.
```
void main()
{ pri/ * remark * / ntf("name"); }
```

C. void main()
```
{ int x /*=10*/;
  printf("%d", x);
}
```

D. void main()
```
{ int x=10;
  /* printf("%d", x); */
}
```

【答案】B

【解析】注释分为序言性注释和功能性注释，程序中认为有必要说明的地方均可以加上注释，但注释不能拆分一个有意义的词汇。

考点 2　基本数据类型数据的表示及使用

◇ **考核知识重点与难点**

1. 基本数据类型。C语言支持的数据类型大致可分为基本数据类型、构造数据类型、指针类型、空类型等。基本数据类型主要包含整型(int)、实型(float，double)和字符型(char)。

2. 常量与变量。常量是指在程序运行过程中，其值不改变的量。变量是指在程序运行时值可变的量。变量总是与某个内存区域相联系。变量名是该存储区域的名称，而变量值是存储区域中的内容。在程序中，常量可以不经说明而直接引用，但变量必须"先声明后使用"。

3. 整型常量。整型常量有十进制、八进制和十六进制三种表示形式。八进制整型常量的前缀为数字 0，十六进制整型常量的前缀为 0x 或 0X。十进制整型常量无特殊的前缀，书写时注意不能以数字 0 开头且中间不能夹有逗号分节符。各种进制的整型常量前面都可以加正负号(+、-)。例如，十进制整数 40，可以写成 050 或 0x28；十进制整数 -45，可以写成 -055 或 -0x2D。

4. 实型常量。实型常量只能使用十进制数形式，不能使用八(十六)进制形式。实型常量有两种表示形式，分别为小数形式和指数形式。小数形式由数字(0～9)、小数点、正负号三部分组成，其中正号可以省略。整数部分或小数部分值为 0 时可省略不写，但二者不能同时省略，例如 12.3、-12.0、12.、.3、0.、.0 等，指数形式由尾数(十进制数)和指数(十进制整数)两部分组成，例如 1.2e-3、1e10、-1.2e1、.2e3 等。

5. 字符型常量。字符型常量是用单引号括起来的一个字符。转义字符是一种特殊形式的字符常量，它以反斜线"\"开头，后跟一个或几个字符。转义字符具有特定的含义，不同于字符原有的意义。常用的转义字符常量如表 3-1 所示。

表 3-1　转义字符常量表

转义字符	转义字符的意义	转义字符	转义字符的意义
\n	回车换行	\\	反斜线字符
\ddd	1～3 位八进制 ASCII 码对应的字符	\'	单引号字符
\xhh	1～2 位十六进制 ASCII 码对应的字符	\t	横向跳格
\b	退格	\r	不换行回车

字符串常量是由一对双引号括起来的字符序列，例如"China"。在 C 语言中没有字符串型变量。

字符常量占用一个字节的内存空间，存放该字符的ASCII码值。字符串常量占用的字节数等于串内字符的个数加1，增加的一个字节中存放字符串结束标志'\0'。

6. 符号常量。为了方便编程，可以用C语言提供的预处理宏定义命令#define定义符号常量，一般格式是：

#define 宏名　宏体

其中，宏名按标识符命名规则确定，习惯上宏名用大写字母表示（变量名用小写字母以示区别），宏名前后至少有1个空格；宏体是由符号组成的字符序列。在预处理程序扫描源程序时，每遇到一个宏名便用宏体部分所指定的字符序列替换该宏名，这个替换过程称为"宏展开"或"宏代换"。当然，包含在字符串常量中的宏名和位于注释行中的宏名不被替换。

◇ **典型试题分析**

1. 以下常量表示中，正确的是________。

A. \xff　　B. 5L　　C. aEb　　D. 3.14U

【答案】B

【解析】0xff是十六进制整型常量形式，'\xff'是转义字符，选项A混淆了这两种常量表示形式，故A错。整常量加后缀L或l，表示指定它为long int类型，所以B正确。实型常量的指数表示形式中的尾数和指数必须是常量，不能在常量中夹有变量名a和b，故C错。系统把所有实型常量都处理为double型，实数没有无符号类型，故D错。

2. 以下表示中不能用作C语言常量的是________。

A. 0UL　　B. (long)123　　C. 1e0　　D. '\x2a'

【答案】B

【解析】选项A表示指定0是unsigned long类型的常量，选项C是用指数形式描述的实常量1.0，选项D是转义字符，属于字符常量。选项B是强制类型转换的表达式，不是常量，故答案选择B。

3. 在以下各组标识符中，均可以用作变量名的一组是________。

A. a01,Int　　B. table_1,a*.1　　C. 0_a,W12　　D. for,point

【答案】A

【解析】选项A中均为标识符命名规则中允许使用的字符，首字符是字母，且Int不是关键字，所以正确的是选项A。选项B的a*.1中有非法字符，选项C的0_a中以数字开头，选项D中的for是关键字，不能用作变量名。

4. 以下标识符中不能用作变量名或自定义函数名的是________。

A. main　　B. scanf　　C. _float　　D. sizeof

【答案】D

【解析】sizeof是运算符，用于计算数据对象占用内存的字节数，如sizeof(int)或sizeof(2)的值都是2，故选择D。

5. 若有声明语句："char c=256;int a=c;"，则执行该语句后a的值为________。

A. 256　　B. 65536　　C. 0　　D. −1

【答案】C

【解析】因整数256的二进制表示为0000 0001 0000 0000，而变量c只有1B的存储空间,c实际获取的只是两个字节中的低字节部分(即为0000 0000),故c的值为0。执行语句"int a=c;"后,a的值为0,所以选C。

6. 在C语言程序中,不带任何修饰符的浮点数直接量(例如:3.14)都是按________类型数据存储的。

【答案】double

7. 执行以下程序段中的语句"k=M*M+1;"后k的值为________。

```
#define  N  2
#define  M  N+1
k=M*M+1;
```

【答案】6

【解析】在宏代换过程中不进行任何计算。宏代换后,赋值语句变成"k=2+1*2+1+1;",所以k值是6。

考点3　运算符和表达式的表示及使用

◇ **考核知识重点与难点**

1. 赋值运算符与赋值表达式。C语言提供了两类赋值运算符:(1)简单赋值运算符(=);(2)复合赋值运算符(+=,-=,*=,/=,%=,>>=,<<=,&=,^=,|=)。形如"变量=表达式"的式子称为赋值表达式,当然,表达式中的"="也可以是任何复合赋值运算符。

2. 算术运算符与算术表达式。C语言提供了两类算术运算符:(1)双目算术运算符(+,-,*,/,%);(2)单目算术运算符(++,--)。单目算术运算符也称自增自减算术运算符,主要有以下几种形式:

++i　先使i自增1,后取新i值作为++i表达式的值参与其他运算

i++　先取原i值作为i++表达式的值参与其他运算,后使i值增1

--i　先使i自减1,后取新i值作为--i表达式的值参与其他运算

i--　先取原i值作为i--表达式的值参与其他运算,后使i值减1

由算术运算符将一些常量、变量、函数调用等连接起来的式子称为算术表达式。将数学表达式改写为C表达式时经常要涉及一些库函数,如sin、fabs、sqrt、pow等库函数。

3. 关系运算符与关系表达式。在C语言中,关系运算符有6个(>,>=,<,<=,==,!=)。关系表达式往往用于表示一个条件,其值为1或0,条件为真时关系表达式的值为1,条件为假时值为0。

4. 逻辑运算符与逻辑表达式。逻辑运算符有3个(!,&&,||),按优先级从高到低依次为!、&&、||。逻辑表达式往往表示一个较为复杂的条件,其值为1或0。1表示逻辑关系成立,0表示不成立。其实,在C语言中,任何表达式都可以当作条件来使用,系统根据其值来识别"真"和"假",若值非0,系统视为"真",即为1;若值为0,系统视为"假",即为0。需要注意的是,为了提高程序的执行效率,逻辑表达式存在"短路求值"(或称表达式的优化)问题,即若&&左边表达式的值为0,则由于逻辑表达式的值已经唯一确定,&&右边的表达式将不被执行;同理,若||左边表达式的值为非0,则右边表达式不再执行。

5. 逗号运算符与逗号表达式。“,”是C语言中优先级最低的运算符,逗号表达式的一般形式为:

表达式 e1,表达式 e2,…,表达式 en

求值过程为依次求解 e1,e2,…,en 的值,并以最后一项 en 的值作为整个逗号表达式的值。例如执行表达式“a＝2,3,4”后 a 的值为 2,而逗号表达式的值为 4,其中的“a＝2”只是逗号表达式中的第一项,表达式的意义并非为“a＝(2,3,4)”。

6. 位运算符与位运算表达式。位运算的对象只能是整型数据(包括字符型),对整数在内存中二进制形式的每一位进行运算,运算结果仍是整型。位运算符分为位逻辑运算符、移位运算符和位自反赋值运算符三种。

(1) 位逻辑运算符

位逻辑运算符将运算对象每个二进制位上的 0 和 1 看成逻辑“假”和“真”,逐位进行逻辑运算。有四种位逻辑运算符,按优先级次序介绍如下:

位非“～”:单目前缀,取相反值

位与“&”:双目中缀,运算对象都为 1 时得 1,其他为 0

位或“|”:双目中缀,运算对象都为 0 时得 0,其他为 1

按位加“^”:双目中缀,运算对象相异得 1,相同得 0

(2) 移位运算符

① 左移位运算符＜＜的使用形式为 a＜＜b,功能是将 a 的二进制形式左移 b 位,左边移出的 b 位数全部丢弃,右边的 b 个空位补入 0。

② 右移位运算符＞＞的使用形式为 a＞＞b,功能是将 a 的二进制形式右移 b 位,右边移出的 b 位数全部丢弃,左边空位补入的数分为两种:若为算术移位,则左边补入 b 个符号位;若是逻辑移位,则左边补入 b 个 0。

(3) 位自反赋值运算符

位自反赋值运算符是位运算符与赋值运算符复合而成,也属于复合的赋值运算符,计算方法与前面介绍过的其他复合赋值运算符相同。

7. 表达式中操作数类型的自动转换和强制转换。表达式在计算过程中可能存在操作数类型的自动转换或强制转换。

(1) 自动类型转换。自动类型转换发生在不同类型数据之间的混合运算时,由编译系统自动完成。转换规则如图 3.1 所示。注意,同类型的数据运算时,一般仍保持原来的类型,但 float、char、short 型数据运算时,必定转换为高一级的数据类型。

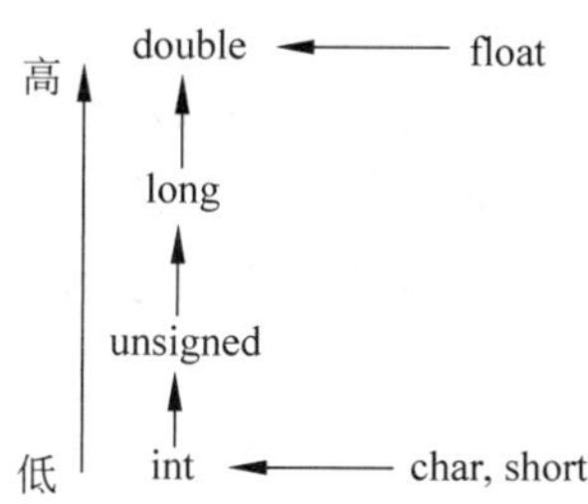

图 3.1 自动类型转换规则

(2) 强制类型转换。一般形式为：(目标类型)(表达式)。功能是根据表达式的值计算得到一个具有指定目标类型的新值，原表达式的数据类型不变。表达式为单个变量或常量时，可以省去表达式外的括号，但目标类型外的括号不可缺省。

◇ **典型试题分析**

1. 设有定义和声明如下：

```
#define  d  2
int x =5;float y=3.83;char c='d';
```

以下表达式中有语法错误的是________。

A. x++　　B. y++　　C. c++　　D. d++

【答案】D

【解析】++运算符的本质是将变量值加1，d是符号常量，在编译前将被替换成2，故选择D。

2. 设变量已正确的声明并赋值，以下正确的表达式是________。

A. x=y*5=x+z　　B. int(15.8%5)

C. x=y+z+5，++y　　D. x=25%5.0

【答案】C

【解析】赋值号左边只能是变量(或元素)，不能是表达式，y*5是表达式，故A错。%运算两边的操作数只能是整数，故B、D错。

3. 若有声明及初始化语句“int x=2,y=1,z=0;”，则下列关系表达式中有语法错误的是________。

A. x>y=2　　B. z>y>x

C. x>y==1　　D. x==(x=0,y=1,z=2)

【答案】A

【解析】赋值运算优先级低于关系运算，因此，选项A中表达式x>y出现在赋值号的左边，有语法错误。选项B是个关系表达式，表示先计算z>y的结果，再将该结果(0或1)与x进行比较。选项C是判断相等关系的表达式，将x>y的结果(0或1)与1判断是否相等。选项D也是判断相等关系的表达式，判断x值是否与括号中逗号表达式的值相等。

4. 以下表示数学式“a<b<c”的逻辑表达式中错误的是________。

A. a<b<c　　B. a<b&&b<c

C. !(a>=b)&&!(b>=c)　　D. !(a>=b||b>=c)

【答案】A

【解析】选项A表示将表达式a<b的值(0或1)与c比较，如果c的值小于等于0，表达式的值一定是0；如果c的值大于1，表达式的值一定是1，故选项A错。

5. 若已有声明“int x=4,y=3;”，则表达式“x<y?x++:y++”的值是________。

A. 2　　B. 3　　C. 4　　D. 5

【答案】B

【解析】条件表达式“x<y?x++:y++”的求值规则：如果x<y值为1时，则把x++作为整个表达式的值；否则把y++作为整个表达式的值。由于本题x<y值为0，应计算

y++的值作为整个条件表达式的值。由于++运算在后，所以 y++表达式的值为原来 y 的值，即 3，然后 y 自加 1。

6. 设有声明“int a=3，b=4；float x=4.5，y=3.5；”，则表达式“(float)(a+b)/2+(int)x%(int)y”的值是________。

【答案】4.5

【解析】原表达式等价于“(float)7/2+4%3”即“7.0/2+1”，结果应为 4.5。

7. 有声明“float y=3.14619； int x；”，则计算表达式“x=y * 100+0.5， y=x/100.0；”后 y 的值是________。

【答案】3.15

【解析】因 y 的值为 3.14619，先计算 3.14619 * 100+0.5 得 315.119，将它赋给整型变量 x，x 中只存储其整数部分 315，然后将 x/100.0 的结果 3.15 赋给变量 y。这两个表达式的功能为：对实数 y 保留小数点后两位，小数点后第 3 位四舍五入。

8. 说明“char ch='$'； int i=1，j；”，执行“j=!ch&&i++”后，i 的值为________。

【答案】1

【解析】!ch 的值为 0，逻辑运算符 && 的左边值为 0，整个表达式结果为 0，右边 i++没有被执行，i 保持原值不变。

2 基本语句

考点4　实现顺序结构的语句

◇ **考核知识重点与难点**

1. 表达式语句。表达式语句由表达式加上“;”构成。

2. 空语句。仅由一个“;”构成的语句称为空语句。

3. 复合语句。用“{}”括起来的一组语句称为一条复合语句。

4. 常用输入/输出函数。在C语言中,没有专门的输入/输出语句,输入/输出功能是通过调用输入/输出函数来实现的。常用的输入/输出函数有以下六种。

(1) printf 函数

调用形式:*printf(格式控制字符串,输出项表);*

其中,“格式控制字符串”由两类字符组成:①普通字符(包括转义字符),程序执行时普通字符将原样输出,转义字符按其含义输出;②格式说明符,格式说明符是以%开头,后加指定格式字符,表示在此位置将输出一个指定类型的数据。格式说明符应当与输出项在类型和数量上依次一一对应。如果格式说明符的个数多于输出项的个数,多余的格式将输出不定值;如果格式说明符的个数少于输出项的个数,多余的输出项将不输出。常用的格式说明符如表3-2所示。

表3-2　常用格式说明符的含义

格式说明符	含义(输出对象)
%c	一个字符
%d	带符号十进制整数(正号缺省)
%f	带符号十进制实数(小数形式,正号缺省)
%ld	long int 类型整数
%e　%E	带符号十进制实数(指数形式,正号缺省)
%md　%mld	m是整数,表示输出宽度,要求输出的整数至少占m列
%m.nf	m、n是整数,m为输出宽度,n为小数位数。
%s　%ms	一个字符串

(2) scanf 函数

调用形式:*scanf(格式控制字符串,输入项表);*

scanf 函数中“格式控制字符串”与 printf 函数中的“格式控制字符串”有许多相似之处,它也是由普通字符和格式说明符两类字符组成,区别在于:

① 执行时,输入“格式控制字符串”中的普通字符要按原样输入,而输出“格式控制字符串”中的普通字符会自动原样输出。因此,一般输入“格式控制字符串”都设置得比较简单,

尽量少用普通字符。

② 输入"格式控制"中的格式说明符要尽量简单。scanf 函数中没有精度控制，输入时不能指定小数位数。在连续输入多个数值型数据时，若输入"格式控制"中没有设置普通字符作为输入数据之间的间隔，系统允许用空格、<TAB>或回车作为相邻数据间的间隔。

③ 格式说明符的个数应与输入项表中地址的个数相同。如果格式说明符的个数多于地址的个数，多余的格式说明符将失效；如果格式说明符的个数少于地址的个数，多余的地址也将失效。

(3) putchar 函数

调用形式：*putchar(字符表达式)*

功能是输出一个字符。可以把函数参数写成字符常量(包括转义字符)、字符变量、字符表达式和[0,255]范围内的整数等多种形式。

(4) getchar 函数

调用形式为：*getchar()*

功能是从键盘上读入一个字符，并把读入的字符作为函数值返回。

(5) puts 函数

调用形式为：*puts(字符串)*

功能是输出一个字符串。可以把函数参数写成字符串常量、字符数组名、字符指针等多种形式。

(6) gets 函数

调用形式为：*gets(字符数组名)*

功能是从键盘上读入一个字符串，存入字符数组。函数返回值为该字符数组的首地址。可以把函数参数写成字符数组名或已有适当指向的字符指针等形式。

◇ 典型试题分析

1. 以下语句中有语法错误的是________。

A. printf("%d",0e)；　　B. printf("%f",0e2)；

C. printf("%d",0x2)；　　D. printf("%s", "0x2")；

【答案】A

【解析】0e 表达有错误，以 0 为前缀的是八进制整数，后接 0～7 的数字符号，如果把 0e 看作是实数，则 e 后阶码部分不可缺省，故 A 错。实型常量 0e2、十六进制整型常量 0x2 和字符串常量"0x2"分别用格式控制%f、%d 和%s 格式输出。

2. 若有声明语句"long a,b;"，变量 a 和 b 欲都通过键盘输入获取值，则下列语句中正确的是________。

A. scanf("%ld%ld,&a,&b")；　　B. scanf("%d%d", a,b)；

C. scanf("%d%d",&a,&b)；　　D. scanf("%ld%ld",&a,&b)；

【答案】D

【解析】变量 a 和 b 均为 long 型，应用%ld 格式输入，所以 B、C 错。scanf 函数调用的第一个参数是"格式控制字符串"，而且必须有用逗号分隔的地址序列表示的"输入表项"，所以 A 错。

3. 设有声明语句"int a; long b;"，若需要接受从键盘输入的电话号码字符串(010)

12345678(其中010是区号,12345678是电话号码),并将其中的区号、电话号码分别存储到变量a、b中,则实现该功能的输入语句应为“scanf("________",&a,&b);”。

【答案】(%d)%ld

【解析】变量a是int型,应该用%d格式输入,变量b是long类型,应该用%ld格式输入,一对小括号应当作普通字符处理。

4. 若有声明语句“int x=99,y=9;”,请将输出语句“printf(________,x/y);”补充完整,使其输出的结果形式为:x/y=11。

【答案】"x/y=%d"

【解析】首先,printf函数的第一个参数是格式控制字符串,因此需要用一对双引号,其次输出结果中的普通字符要在格式控制中设置完整。

考点5 实现选择结构的语句

◇ **考核知识重点与难点**

1. if语句。C语言用if语句实现“二选一”,if语句有两种基本形式:

(1) if-else形式

使用格式:*if(表达式)语句1*

else 语句2

它的执行过程是:先计算if后面括号中表达式的值,如果为非0值,则执行语句1,否则执行语句2。语句1和语句2可以是复合语句。

(2) if形式

使用格式为:*if(表达式)语句*

它的执行过程是:先计算括号中表达式的值,如果为非0值就执行语句,否则就不执行语句。这里的语句也可以是复合语句。

(3) 用if语句的嵌套可以实现多分支结构。嵌套的形式有:

① 在if子句中嵌套if-else语句。

格式如下:

```
if(表达式 1)
    if(表达式 2)语句 1
    else      语句 2
else
    语句 3
```

它的执行过程是:当表达式1的值非0时,执行内嵌的if-else语句,否则就执行语句3。

② 在if子句中嵌套不含else的if语句。

格式如下:

```
if(表达式 1)
    {if(表达式 2)语句 1}
else
    语句 2
```

它的执行过程是：当表达式1的值非0时，执行内嵌的if子句，否则就执行语句2。需要注意的是，如果去掉花括号，写成如下格式，程序流程将发生变化：

```
if(表达式 1)
    if(表达式 2)语句 1
else
    语句 2
```

这种格式实质上等价于：

```
if(表达式 1)
    if(表达式 2)语句 1
    else  语句 2
```

与上一种嵌套方式相同，它的执行过程是：当表达式1的值非0时，执行内嵌的if-else语句，否则就不执行它们。

③ 在else子句中嵌套if语句。

格式如下：

```
if(表达式 1)
    语句 1
else if(表达式 2)
          语句 2
    else if(表达式 3)
              语句 3
        else
              语句 4
```

2. switch-case语句。C语言用switch结构实现“多选一”，格式如下：

```
switch(表达式)
{
    case 常量表达式 1:语句 1
    case 常量表达式 2:语句 2
    …
    case 常量表达式 n:语句 n
    default:语句 n+1
}
```

使用时需要注意的是：

(1) case后面只能跟整型、字符型或枚举型常量表达式，且值互不相同；

(2) 一个case后面允许跟多条语句，可以不用“{}”括起来；

(3) 允许多个case共用同一组语句；

(4) default的位置任意，可以写在所有case之前，或两个case中间，或最后，也可缺省；

(5) 允许在case语句中嵌套使用switch结构。

它的执行过程是：先计算表达式的值，再逐个与case后的常量表达式比较，若相同就执行其后所有的语句，不再进行判断。如果表达式的值与所有case后的值都不相同，就执行default后的语句。

这种形式实际上没能真正实现“多选一”。为避免出现这种情况，可在每组case语句后加上 break 语句，格式如下：

```
switch(表达式)
{
    case 常量表达式 1:语句 1;break;
    case 常量表达式 2:语句 2;break;
    …
    case 常量表达式 n:语句 n;break;
    default:语句 n+1;break;
}
```

break 语句可以退出 switch 结构。若表达式与后面某常量表达式的值相同，就执行其后的一组语句，然后执行 break 退出 switch 结构。注意，break 语句只能退出直接包含该语句的一层 switch 结构。

3. 条件表达式语句。格式如下：

条件表达式 e1?表达式 e2:表达式 e3;

条件表达式常用在赋值语句中，例如程序段“if(a>b)max=a;else max=b;”可改写为“max=a>b?a:b;”。

◇ 典型试题分析

1. 下列程序运行时的输出结果是________。（全国，2007 年 4 月）

```
main()
{ int a=1,b=7,c=5;
   switch(a>0)
      {  case 1:switch(b<0)
                {  case 1:printf("@");break;
                   case 2:printf("!");break;
                }
         case 0:switch(c==5)
                {  case 0:printf("*");break;
                   case 1:printf("#");break;
                   case 2:printf("$");break;
                }
         default:printf("&");
      }
   printf("\n");
}
```

【答案】#&

【解析】外层 switch 语句中，由于条件“a>0”的值为 1，故执行 case 1 后的语句；case 1 后的内层 switch 语句中的条件“b<0”的值为 0，不会执行该 switch 语句中的两个 case 标号后的语句，接着执行外层 switch 语句中 case 0 后的 switch 语句，由于该 switch 语句的条件为“c==5”，其值为 1，所以执行该 switch 语句中 case 1 后的语句，即输出字符“#”，遇 break 语句后跳出内层 switch 语句；接着执行外层 switch 语句中 default 标号后的语句，即输出字符“&”。

2. 已有预处理命令和声明语句如下：

```
#define N 10
int a=2,c=1; double b=1.2;
```

下述程序段中，正确的是________。 （江苏，2004春）

A.
```
switch(a)
{   case  c:   a--;break;
    case  c+1:   a++;break;
}
```

B.
```
switch(a)
{   case  N>0:a=1;break;
    case  1   :a=0;break;
}
```

C.
```
switch(a)
{   case  2:   b++;break;
    case  '0':   b=3;
}
```

D.
```
switch(b)
{   case  1.0:   b++;break;
    case  1.2:   b=1;break;
}
```

【答案】C

【解析】switch 语句中，关键字 case 后不允许出现实数、变量和关系表达式等。

3. 以下程序运行时，输出结果是________。 （江苏，2004秋）

```
#include <stdio.h>
main()
{   int a=0,b=0,c=0;
    if (a++ && (b+=a) || ++c) printf("%d\t%d\t%d\n",a,b,c);
}
```

【答案】1　0　1

【解析】注意表达式的"短路"求值。

考点6　实现循环结构的语句

◇ **考核知识重点与难点**

1. while 循环。格式如下：

while(表达式)语句

它的执行过程是：先计算表达式的值，如果表达式结果为真，执行语句，当表达式的结果为假时，退出循环，执行 while 语句的后续语句。

while 循环是"前测型"循环。即先判断条件，再考虑是否执行循环体。循环体执行的最少次数为 0 次。

2. do-while 循环。格式如下：

```
do
        语句
while(表达式);
```

它的执行过程是：先执行循环体语句 1 次，再计算表达式的值，如果表达式的结果为真，再执行循环体 1 次，重复以上步骤；如果表达式的结果为假，退出循环，执行 do-while 语句的后续语句。

do-while 循环是“后测型”循环，即先执行循环体，后判断条件。循环体的最少执行次数为 1 次。

3. for 循环。格式如下：

for(表达式 1;表达式 2;表达式 3)语句

它的执行流程是：

(1) 计算表达式 1；

(2) 计算表达式 2，如果值非 0，转步骤(3)；如果值为 0，转步骤(5)；

(3) 执行循环体语句；

(4) 计算表达式 3，转步骤(2)；

(5) 退出 for 循环，程序流程转至 for 循环之后。

4. 循环的嵌套。在处理一个问题时，这三种循环可以互相替代。如果一个循环的循环体部分含有另一循环语句，这种情况称为循环的嵌套。

◇ 典型试题分析

1. 当执行以下程序时，输入 1234567890<回车>，则其中 while 循环体将执行________次。 （全国，2007 年 4 月）

```
#include "stdio.h"
main()
{   char ch;
    while((ch=getchar())=='0')
        printf("#");
}
```

【答案】0

【解析】while 是一种“前测型”循环，如果用题中给定的输入数据流，变量 ch 首次获取的值为字符'1'，因此 while 中的条件不成立。

2. 下列程序运行时的输出结果为________。 （全国，2008 年 9 月）

```
#include "stdio.h"
main()
{   int n=2,k=0;
    while(k++&&n++>2);
    printf("%d %d\n",k,n);
}
```

A. 0　2　　B. 1　3　　C. 5　7　　D. 1　2

【答案】D

【解析】注意 while 语句中逻辑表达式的“短路”求值。

3. 下列程序运行时若输入 1abcd2<回车>，则输出结果是________。

```
#include <stdio.h>
main()
{   char a=0,ch;
    while((ch=getchar())!='\n')
    {   if(a%2!=0&&(ch>='a'&&ch<='z'))ch=ch-'a'+'A';
```

```
        a++;
        putchar(ch);
    }
}
```

【答案】1AbCd2

【解析】a 的初值为 0,每输入一个字符后,a 的值加 1,故可将 a 看作是统计输入字符数的累加器。while 语句的功能是:从键盘输入一个以回车结束的字符串,如果该字符串奇数位上的字符为小写字母则改为大写,否则不变,输出字符串。

考点 7 转移语句

◇ **考核知识重点与难点**

1. break 语句。break 语句只能用在 switch 和循环结构中,用于退出其所在的 switch 或循环结构。

2. continue 语句。continue 语句只能用在循环体内。用于结束本次循环,继续进行下一次循环。

3. return 语句。return 语句的一般形式有如下三种:

return 表达式;
return (表达式);
return;

return 语句一般用在被调用函数中,一个函数中允许有多个 return 语句,但每次函数调用只有一个 return 语句被执行。如果函数没有 return 语句,或者只有一个不带表达式的 return 语句,非 void 型函数将带回一个不定值。

◇ **典型试题分析**

1. 下列程序运行时的输出结果是________。

```
main()
{  int k=5, n=0;
   while(k>0)
   { switch(k)
     {  case 1:
        case 3: n+=1; k--; break;
        default: n=0; k--;
        case 2:
        case 4: n+=2; k--; break;
     }
     printf("%3d",n);
   }
}
```

【答案】2 3 5 6

【解析】程序中在 while 的循环体内嵌套使用了 switch 结构。运行过程如下:

初值 k=5,n=0,第一次判断 while 循环条件成立,根据 k 值,执行 default、case 2、case 4 后

面的语句,使得 k=3,n=2,输出 2;第二次循环条件判断成立,根据 k 值,执行 case 3 后面的语句,使得 k=2,n=3,输出 3;第三次条件判断成立,根据 k 值,执行 case 2、case 4 后面的语句,使得 k=1,n=5,输出 5;第四次条件判断成立,根据 k 值,执行 case 1、case 3 后面的语句,使得 k=0,n=6,输出 6。

2. 下面程序的输出结果是________。

```
main()
{ int n, i,sum;
  for(n=2,sum=0;n<=10;n++)
   {
    for(i=2;i<=n-1;i++)
        if(n%i==0)break;
    if(i<=n-1) continue;
        sum+=n;
   }
   printf("%d\n",sum);
}
```

【答案】17

【解析】外循环用循环控制变量 n 枚举了[2,10]内的每个整数,内循环用于判断 n 是否为质数,结束内循环后,如果 i 小于等于 n-1 表示 n 不是质数,跳过语句“sum+=n;”而进入下一次循环,如果是质数,则将其累加到变量 sum 中。所以该源程序的功能为求出[2,10]内所有质数的和。

3. 下列程序运行时的输出结果为________。　　　　(全国,2008 年 4 月)

```
#include "stdio.h"
main()
{  int x=8;
   for(;x>0;x--)
   {  if(x%3){printf("%d,",x--);continue;}
      printf("%d,",--x);
   }
}
```

A. 7,4,2,　　B. 8,7,5,2,　　C. 9,7,6,4,　　D. 8,5,4,2,

【答案】D

【解析】循环语句枚举了[1,8]内的所有整数。if 语句的功能是:输出 x%3 不等于 0 时 x 的值并使 x 在输出后自减 1,然后结束本次循环。x%3 等于 0 时,x 自减 1 后输出。需要注意的是,源程序中有多处修改循环控制变量 x 的值。

3 构造类型数据

考点 8 基本类型数组

◇ **考核知识重点与难点**

1. 数组声明。数组必须先声明后使用，数组名是用户定义的标识符，必须符合标识符的书写规则且不能与其他变量名相同。数组的长度必须是整型常量表达式。

2. 数组的存储结构。系统为数组在内存中分配一片连续的存储区域，依次存放数组元素，因此数组元素的内存地址是连续的。数组名仅代表该数组在内存中的首地址，即第一个元素的地址，不可用数组名代表整个数组。二维数组元素在内存中排列的顺序是：按行存放，即在内存中先顺序存放第一行的元素，再存放第二行的元素，依次类推。

3. 数组元素的引用。数组元素只能逐个引用而不能把数组当作一个整体一次引用。引用数组元素时，数组的下标可以是任意类型的表达式，但编译系统不检查是否越界。

4. 字符数组的使用(字符串的存储与基本操作)。字符数组的定义、初始化和引用与数值数组相同。在 C 语言中由于没有专门的字符串变量，通常用一个字符数组来存放一个字符串，字符串总是以字符 '\0 '作为串的结束符。因此当把一个字符串存入一个数组时，同样也把结束符 '\0 '存入数组，并以此作为该字符串是否结束的标志。

◇ **典型试题分析**

1. 下列声明数组的语句中，正确的是________。

A. int N=10；
int x[N]；　　B. #define N 10
int x[N]；　　C. int x[0...10]；　　D. int x[ ]；

【答案】B

【解析】一维数组的说明格式为：类型说明符　数组名[整型常量表达式]；因此选项 A 和 C 错误；选项 D 没有在声明时明确数组元素的个数。

2. 若要声明一个具有 5 个元素的整型数组，以下错误的定义语句是________。

A. int a[5]={0}；　　B. int b[ ]={0,0,0,0,0}；

C. int c[2+3]；　　D. int i=5,d[i]；

【答案】D

【解析】选项 D 中用变量说明数组大小，因此错误。

3. 若有声明语句“int a[10],b[3][3];”，则以下对数组元素赋值的操作中，不会出现越界访问的是________。

A. a[-1]=0　　B. a[10]=0　　C. b[3][0]=0　　D. b[0][3]=0

【答案】D

【解析】一维数组 a 有 10 个元素，下标范围是 0～9，因此选项 A、B 都越界了；二维数组

b 共有 9 个元素，在内存中按行存放，即先存放 0 行的元素，再存放 1 行的元素，b[3][0]代表第 10 个元素，所以越界，b[0][3]可以代表第 4 个元素，没有越界。

4. 已有声明语句“int s[2][3];”，以下选项中________正确地引用了数组 s 中的基本元素。

A. s[1>2][! 1]　　B. s[2][3]　　C. s[1]　　D. s

【答案】A

【解析】二维数组元素的表示形式为“数组名[下标][下标]”，下标可以是任意类型表达式，系统会把它处理为整型。C、D 不满足要求；s[2][3]代表行下标为 2 列下标为 3 的元素，s 数组本只有 2 行 3 列，下标越界，B 错；选项 A 中表达式“1>2”和“! 1”的值都是 0，所以选项 A 等价于 s[0][0]，引用正确。

5. 以下数组初始化语句中正确的是________。

A. int a[3]={1,2,3,4};　　B. int n,a[n]=10;

C. int a[ ]={1,2};　　D. int a[3][ ]={{1},{2},{3}};

【答案】C

【解析】选项 A 中初始化数据的个数大于数组的长度，有语法错误；选项 B 中声明数组时的长度用了变量 n，有语法错误；选项 D 中声明二维数组时缺省了第二维的长度，有语法错误；选项 C 中有两个初值，系统会据此自动定义 a 数组的长度为 2。

6. 有以下程序，其运行结果为________。

```
#include<stdio.h>
main()
{ int b[3][3]={0,1,2,0,1,2,0,1,2},i,j,t=1;
  for(i=0;i<3;i++)
      for(j=i;j<=i;j++)
          t+=b[i][b[j][i]];
  printf("%d\n",t);
}
```

A. 1　　B. 3　　C. 4　　D. 9

【答案】C

【解析】for 循环的执行过程如下：

i=0 时，j=0，执行 t+=b[i][b[j][i]]，t 的值变为 1；

i=1 时，j=1，执行 t+=b[i][b[j][i]]，t 的值变为 2；

i=2 时，j=2，执行 t+=b[i][b[j][i]]，t 的值变为 4。

7. 有以下程序，程序运行后的输出结果是________。

```
#include<stdio.h>
#include<string.h>
main()
{   char a[10]="abcd";
    printf("%d,%d\n",strlen(a),sizeof(a));
}
```

A. 7,4　　B. 4,10　　C. 8,8　　D. 10,10

【答案】B

【解析】strlen(a)返回字符数组 a 中存储的字符串的长度(从首地址 a 开始到第 1 个 '\0' 之前字符的个数),表达式 sizeof(a)的值为字符数组 a 所占用内存空间的大小。

8. 下列程序运行时的输出结果为________。

```
#include<stdio.h>
#include<string.h>
main()
{ char a[20]= "ABCD\0EFG\0",b[]="IJK";
  strcat(a,b);printf("%s\n",a);
}
```

A. ABCD\0EFG\0IJK　　B. ABCDIJK

C. IJK　　D. EFGIJK

【答案】B

【解析】strcat(a,b)把字符串 b 所指的内容连接到 a 所指字符串的后面。由于字符串 a 的第 5 个字符为 '\0',表示字符串结束,因此连接后的结果为"ABCDIJK"。

9. 若有以下声明语句"int a[12]={1,2,3,4,5,6,7,8,9,10,11,12}; char c='a',d,g;",则下列选项中,值为 4 的表达式是________。

A. a['d'-'c']　　B. a['d'-c]　　C. a[g-c]　　D. a[4]

【答案】B

【解析】选项 A 中下标是 'd'-'c',值为 1,所以等价于元素 a[1],其值为 2。选项 B 中下标是 'd'-c,c 是值为 'a' 的变量,该下标表达式的值为 3,此项即为元素 a[3],值是 4。选项 C 中下标是 g-c,因为 g 值不确定,程序中引用 a[g-c]无实际意义。选项 D 中是 a[4],它的值为 5。

10. 下列程序运行时的输出结果为________。

```
main()
{   char b[]={"Hello!China"};
    b[5]=0;
    printf("%s\n",b);
}
```

【答案】Hello

【解析】在 C 语言中,对字符数组元素赋值 0 与 '\0' 是等价的,都表示 '\0' 字符。经过 b[5]=0 赋值后,数组 b 中存放的实际字符串是"Hello\0China"。当在 printf 函数中用%s 控制字符串的输出时,遇到字符 '\0',即认为字符串结束。因此本程序的输出结果为 Hello。

考点 9　结构变量和结构数组

◇ 考核知识重点与难点

1. 结构数据类型的定义。结构是一种复杂的数据类型,是由多种变量有序组成的集合,构成结构的变量称为成员。定义一个结构的一般形式为:

struct 结构名
{成员表列};

struct 是 C 语言中的关键字,是结构类型的标志。结构名为用户自定义标识符,必须符合标识符的命名规则。成员表列由若干个成员组成,每个成员都是该结构的一个组成部分,每个成员也必须作说明。例如:

```
struct student{ char name[20];char sex; unsigned long birthday;};
```

2. 结构变量、结构数组的声明及初始化。结构变量的声明有三种形式:(1)先定义结构,再声明结构变量;(2)在定义结构类型的同时声明变量;(3)直接定义结构类型变量。

结构变量初始化时,花括号中每个初始化数据的类型要与该结构类型定义中相应成员的类型依次保持一致。

结构数组的声明也有三种形式,初始化时可对全部元素作初始化赋值,也可以只对部分结构数组元素初始化。

3. 结构变量中成员的引用。在 ANSI C 标准中,除了允许具有相同类型的结构变量可以相互赋值以外,一般对结构变量的使用,包括赋值、输入、输出、运算等,都是通过结构变量的成员来实现的。表示结构变量成员的一般形式为:

结构变量名.成员名

4. 结构数组元素中成员的赋值和引用。结构数组元素成员引用的一般形式为:

结构数组名[下标].成员名

5. 用指针引用结构成员。用指针引用结构成员的一般形式如下:

(*结构指针名).成员名

或

结构指针名->成员名

例如,设有类型、变量声明及初始化如下:

```
struct student
  {  long int num; char name[20];
     char sex; int age;
  }stu1, *p=&stu1;
```

则引用(*p).num、(*p).name、p->sex、p->age 等均是正确的。

◇ 典型试题分析

1. 若有结构类型定义及结构变量声明语句"struct example { int x; int y; }v1;",则下列选项中,引用或声明正确的是________。

A. example. x=10; B. example v2; v2. x=10;

C. struct v2; v2. x=10; D. struct example v2={10};

【答案】D

【解析】本题中,struct example 是定义的结构类型。选项 A 的错误是通过结构名引用结构成员；选项B和C的错误是均未完整地使用结构类型声明结构变量；选项D表示声明结构变量 v2 并对其成员 x 进行初始化。

2. 以下程序的输出结果是________。

```
#include<stdio.h>
#include<string.h>
typedef struct{ char name[9]; char sex; float score[2]; }STU;
void f(STU a)
{ STU b={"Zhao", 'm',85.0,90.0}; int i;
  strcpy(a.name,b.name);
  a.sex=b.sex;
  for(i=0;i<2;i++)
      a.score[i]=b.score[i];
}
main()
{   STU c={"Qian", 'f',95.0,92.0};
    f(c);
    printf("%s,%c,%2.0f,%2.0f\n",c.name,c.sex,c.score[0],c.score[1]);
}
```

A. Qian,f,95,92　　B. Qian,m,85,90　　C. Zhao,f,95,92　　D. Zhao,m,85,90

【答案】A

【解析】本题的参数传递属于值传递，程序在调用函数 f 时，main 函数中结构变量 c 的值传递给形参 a，函数 f 中的所有操作只对 a 变量的成员进行修改，这些都不会影响 main 函数中的变量 c 的值。

3. 设有如下语句：

```
struct abc
{ int a; float b; }data, *p;
```

若有"p=&data;"，则对 data 中 a 成员的正确引用是________。

A. (*p).data.a　　B. (*p).a　　C. p->data.a　　D. p.data.a

【答案】B

【解析】当指针指向某个结构变量后，用指针访问结构成员有两种方式：一种是用"."运算符，另一种是用"->"运算符。本题中，用 p 访问 data 变量中的成员 a，可以用(*p).a，也可以用 p->a。

考点 10　联合变量和联合数组

◇ **考核知识重点与难点**

1. 联合类型的定义。当需要把不同类型的变量存放到同一段内存单元，或对同一段内存单元的数据按不同类型进行处理时，则需要使用"联合"数据结构。联合类型的定义方法与结构类型的定义非常相似。应注意区分联合与结构的不同之处。

(1) 联合：各成员占相同的起始地址，所占内存长度等于其最长的成员所占的内存。

(2) 结构：各成员占不同的地址，所占内存长度等于全部成员所占内存之和。

2. 联合变量中成员的引用。联合变量中每个成员的引用方式与结构完全相同,可以使用以下三种形式之一:

(1) ***联合变量名.成员名***

(2) ***(*联合指针变量名).成员名***

(3) ***联合指针变量名->成员名***

联合中的成员同样可参与其所属类型允许的任何操作,但在访问联合成员时应注意:联合变量中起作用的是最近一次存入的成员变量的值,原有成员变量的值将被全部或部分覆盖。

◇ **典型试题分析**

1. 下列程序运行后的输出结果为________。

```
#include "stdio.h"
union un { int i; char c[2]; };
main()
{ union un x;
  x.c[0]=10;
  x.c[1]=1;
  printf("\n%d",x.i);
}
```

【答案】266

【解析】int类型变量i和字符数组c共用两个字节的存储单元,通常c[0]位于低字节,c[1]位于高字节。内存中的表示为0000000100001010。

2. 已知字符'0'的ASCII代码值为十进制数是48,下列程序执行后的输出结果为________。

```
#include "stdio.h"
main()
{   union un{int i[2]; long k; char c[4]; }r, *s=&r;
    s->i[0]=0x39; s->i[1]=0x38;
    printf("%x\n",s->c[0]);
}
```

【答案】39

【解析】在联合变量中,所有成员共用存储空间。因此变量r中,成员i[0]和成员c[0]、c[1]共用2字节的存储空间,c[0]和c[1]都占1个字节,因此c[0]与i[0]的低8位共用一个字节,而c[1]与i[0]的高8位共用一个字节。程序以十六进制数的形式输出s->c[0]的值,因此我们只需求出在i[0]的低8位中的值即可。程序有赋值语句:"s->i[0]=0x39;s->i[1]=0x38;",根据以上分析,我们只需关心s->i[0]=0x39的赋值即可。因为c[0]与i[0]的低8位共用1字节,所以s->c[0]的十六进制数就是39。

4 函　　数

考点 11　非递归函数的定义、声明、调用及执行过程

◇ **考核知识重点与难点**

1. 函数的定义。函数是构成 C 语言源程序的基本模块。C 语言不仅提供了丰富的库函数，还允许用户定义函数。需要注意以下几点。

(1) 在一个函数的函数体内，不能再定义另一个函数，即函数不能嵌套定义。

(2) 定义函数时，若省略了函数类型，则 C 默认函数类型为 int 型；若函数类型定义为 void 型，则表示该函数类型为“空类型”，即函数无返回值。

(3) 函数名和形式参数名都是由用户命名的，要符合 C 语言标识符的命名规则。在同一个程序内，函数名必须唯一，不能在函数体内重复说明形参。

(4) 形式参数必须逐个分别声明，参数之间用逗号分隔；缺省形参的函数被称为无参函数。

(5) 定义函数时，函数首部后不应加分号。

2. 函数的声明。C 语言规定，函数应先定义，后调用。如果出现函数定义在函数调用之后的情况，就必须在调用前对函数加以声明。函数声明的一般形式：

函数类型　函数名(类型 1 形参 1,类型 2 形参 2,…);

或

函数类型　函数名(类型 1,类型 2,…);

函数声明可以在函数体内进行，也可以在函数外部进行。若在函数体内声明，其作用范围仅为该函数，否则，其作用范围从声明处开始到本源程序文件的结束。

如果函数类型为整型或字符型时，可以缺省对该函数的声明。若用户要使用系统提供的库函数，应在使用前包含相应的头文件。

3. 函数的调用。每一个 C 程序可以包含多个不同名的函数，但必须有且只有一个名为 main 的函数，它代表程序开始执行的起始位置。main 函数可以调用其他函数，其他函数之间可以相互调用。函数调用的一般形式为：

函数名(实际参数表)

无参函数调用时，无须提供实际参数。有参函数调用时，系统将提供的实际参数的值对应地传给形式参数。因此，实际参数表中的参数类型应与形式参数保持一致或兼容，实际参数可以是常量、变量及表达式，各参数之间用逗号分隔。

在调用 void 型函数(无返回值函数)时，只能把函数调用作为独立的一条语句。而在调

用非 void 型函数(有返回值函数)时，既可以把函数调用作为表达式或表达式的一部分，也可以作为独立的一条语句。

◇ **典型试题分析**

1. 以下关于C语言源程序的叙述中，错误的是________。（江苏 2007 春）

   A. 一个C源程序由若干函数定义组成，其中必须有且仅有一个名为 main 的函数定义

   B. 函数定义由函数头部和函数体两部分组成

   C. 在一个函数定义的函数体中允许定义另一个函数

   D. 在一个函数定义的函数体中允许调用另一个函数或调用函数自身

【答案】C

【解析】该题考查的是函数的基本概念。C语言源程序都是由若干函数定义组成的，其中必有一个 main 函数的定义，所有函数定义都是平行的，即函数不能嵌套定义。每个函数定义由函数首部及函数体构成。程序的执行总是从 main 函数开始，由 main 函数调用其他函数，其他函数之间相互调用或调用函数自身。

2. 以下函数定义中正确的是________。（江苏，2009 春）

   A. double fun(double x,double y){}　　B. double fun(double x;double y){}

   C. double fun(double x,double y);{}　　D. double fun(double x,y){}

【答案】A

【解析】函数定义的形式如下：

```
函数类型　函数名(参数类型　形式参数名 1,参数类型　形式参数名 2,…)
{　说明语句;
　 执行语句;
}
```

函数首部中，形式参数应一一加以说明，即使形式参数类型相同也得分别说明，并用逗号分隔。函数首部不是语句，不能在函数首部最后使用分号。因此，选项 B、C、D 都是错误的。选项 B 中形参使用分号分隔；选项 C 中函数首部后使用了分号；选项 D 中形参 x、y 的定义只使用了一个类型名来说明。

3. 以下关于 return 语句的叙述中正确的是________。（全国，2010 年 3 月）

   A. 一个自定义函数中必须有一条 return 语句

   B. 一个自定义函数中可以根据不同情况设置多条 return 语句

   C. 定义成 void 类型的函数中可以有带返回值的 return 语句

   D. 没有 return 语句的自定义函数在执行结束时不能返回到调用处

【答案】B

【解析】在C语言的每个自定义函数中，可以没有 return 语句，也可以有多个 return 语句。函数执行过程中，一旦执行到 return 语句，立刻返回到调用处且非 void 型函数还会带回一个值；如果函数体中没有 return 语句，执行到函数体的最后"}"时，也会返回到调用处且非 void 型函数带回一个不确定的值。因此，如果明确不需要函数返回值，应将函数定义成 void 型函数。void 型函数中即使有 return 语句(系统编译时有警告性错误)，也不会带回值。所以，只有选项 B 是正确的。

4. 有以下程序：（全国，2009年9月）

```
#include<stdio.h>
void fun(int p)
{   int d=2;
    p=d++;
    printf(" %d",p);
}
main()
{   int a=1;
    fun(a);
    printf("%d\n",a);
}
```

程序运行后的输出结果是________。

A. 32　　B. 12　　C. 21　　D. 22

【答案】C

【解析】该题考查的是函数调用。main 函数中使用独立的函数调用语句调用 void 型 fun 函数，实参 a 的值传给形参 p，执行“p=d++”后 p 的值为 2，d 的值为 3，输出 2，并返回调用处；继续执行“fun(a);”下一语句，输出 a 的值 1。因此，正确答案为选项 C。

5. 有以下程序：（全国，2009年3月）

```
#include<stdio.h>
int f(int x, int y)
{   return((y-x)*x);}
main()
{   int a=3,b=4,c=5,d;
    d=f(f(a,b),f(a,c));
    printf("%d\n",d);
}
```

程序运行后的输出结果是________。

A. 10　　B. 9　　C. 8　　D. 7

【答案】B

【解析】该题考查的是有返回值函数的多次调用。f 函数被调用了三次，将前两次函数调用作为第三次函数调用的实参。函数调用 f(a,b)、f(a,c)的值分别是 3、6，而执行“d=f(3,6);”后，d 的值为 9。所以，正确答案为选项 B。

6. 以下程序的功能是：通过函数 func 输入字符并统计输入字符的个数。输入时用字符@作为输入结束标志。请填空。（全国，2008年9月）

```
#include<stdio.h>
long __(1)__
main()
{   long n;
    n=func();
    printf("n=%ld\n",n);
}
long func()
```

```
{   long m;
    for(m=0;getchar()!='@'; (2) );
    return m;
}
```

【答案】(1)func();或 func(void);　(2)m++

【解析】该题第一空考查的是函数声明。题中 long 型函数 func 的定义在后，main 函数中的函数调用“n=func();”在先，因此，需要先进行函数声明。函数声明时，函数类型、函数名、形参类型必须一一指明，形参名可省略。如果对无参函数进行声明，可使用的格式为：

函数类型　函数名();

或

函数类型　函数名(void);

第二空考查的是计数算法。由于 for 循环体为空语句，所以统计字符个数由第 3 个表达式来实现，每当 for 循环执行一次，计数变量 m 就要自加 1，直到输入字符@结束。

考点 12　递归函数的定义、声明、调用及执行过程

◇ 考核知识重点与难点

1. 递归的概念。一个函数直接或间接地调用它自身称为递归调用，这种函数被称为递归函数。一般情况下，我们讨论的是直接递归，即在一个函数的函数体内调用该函数自身。

2. 递归函数的定义及执行过程。递归函数的定义和其他函数的定义形式类似，只需要在函数体内给出调用函数自身的表达式或语句。

递归函数的执行过程类似于函数的嵌套调用，只不过调用函数和被调用函数是同一个函数。执行递归函数时，将反复调用其自身，每调用一次就进入新的一层。如果把调用递归函数的主函数称为第 0 层，进入函数后，首次递归调用自身称为第 1 层调用，从第 i 层递归调用自身称为第 i+1 层；直到满足结束递归的条件；退出第 i+1 层调用应该返回第 i 层，这样一层一层返回，退出第 1 层返回到第 0 层。

◇ 典型试题分析

1. 有以下程序：　　　　（全国，2008 年 4 月）

```
#include<stdio.h>
int f(int x)
{ int y;
  if(x==0||x==1)return(3);
  y=x*x-f(x-2);
  return y;
}
main()
{   int z;
    z=f(3);
    printf("%d\n",z);
}
```

程序的运行结果是________。

A. 0　　B. 9　　C. 6　　D. 8

【答案】C

【解析】本题考查函数的递归调用。第一次调用函数 f(3)，x 为 3，不满足递归结束条件 x==0||x==1；第二次调用函数 f(x-2)，即递归调用 f(1)，x 为 1，满足递归结束条件，把值 3 带回到调用处；计算表达式 y=x*x-f(1)，即 y=3*3-3，把 6 带回到 main 函数的调用处并输出。如图 3.2 所示：

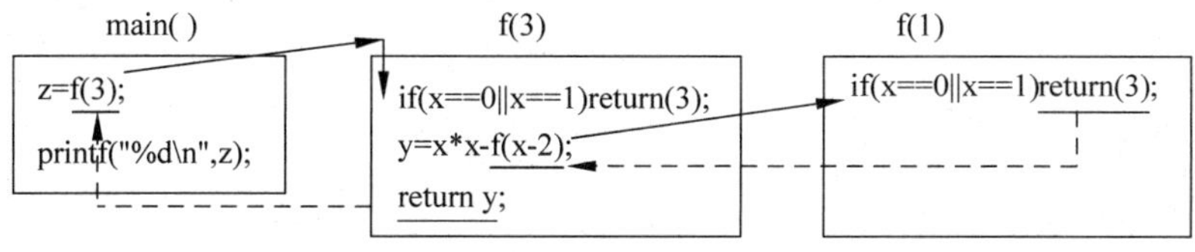

图 3.2　函数递归调用过程

2. 程序运行后的输出结果是________。　（江苏，2007 春）

```
#include<stdio.h>
int mystery(int a,int b)
{   if(b==1) return a;
    else return a+mystery(a,b-1);
}
void main()
{   int x=5,y=3;
    printf("%d\n",mystery(x,y));
}
```

【答案】15

【解析】本题递归函数的功能是：b==1 时递归结束并返回 a；否则返回 a+mystery(a,b-1)。在函数调用过程中，第一个参数 a 的值始终为 5，第二个参数 b 的值随函数的每次调用在不断减 1，b 的值从 3 减为 2，从 2 减为 1，当 b 为 1 时停止。因此函数返回 5+5+5，即 15。

3. 以下程序运行时输出结果是________。　（江苏，2007 秋）

```
#include<stdio.h>
void f(long x)
{ if(x<100) printf("%d",x/10);
  else  { f(x/100); printf("%d",x%100/10);}
}
main()
{ f(123456); }
```

【答案】135

【解析】函数 f 是一个递归函数。执行 f(123456)，x=123456 不小于 100，调用 f(x/100)，即执行 f(1234)进入了新的一层，x=1234 不小于 100，又调用 f(x/100)，即执行 f(12)又进入新的一层，x=12 小于 100，满足递归结束条件，输出 x/10 的值 1，返回到上一层 f(1234)处，输出 x%100/10 的值 3，返回到上一层 f(123456)，输出 x%100/10 的值 5。

4. 有以下程序： （全国，2007年9月）

```
#include<stdio.h>
void fun( int n,int *p)
{ int f1,f2;
  if(n==1||n==2) *p=1;
  else
      {  fun(n-1,&f1); fun(n-2,&f2);
         *p=f1+f2;  }
}
main()
{ int s;
  fun(3,&s);
  printf("%d\n",s);
}
```

程序的运行结果是________。

A. 2　　B. 3　　C. 4　　D. 5

【答案】A

【解析】本题的递归函数fun两次递归调用自身。执行fun(3,&s)，n=3不满足递归结束条件。于是，先执行fun(n-1,&f1)，进入新的一层，n=2满足递归结束条件，*p=1即f1=1，返回调用处；再执行fun(n-2,&f2)，进入新的一层，n=1满足递归结束条件，*p=1即f2=1，返回调用处；执行*p=f1+f2，*p=2即s=2，返回main函数的调用处，输出2。

5. 以下程序运行时输出到屏幕的结果是________。 （江苏，2009秋）

```
#include<stdio.h>
int fun(int *x,int n)
{ if(n==0) return x[0];
  else return x[0]+fun(x+1,n-1);
}
void main()
{ int a[]={1,2,3,4,5,6,7};
  printf("%d\n",fun(a,2));
}
```

【答案】6

【解析】main函数中执行fun(a,2)，进入第一层，指针变量x指向a数组的首元素a[0]，n=2不等于0，执行return语句返回x[0]+fun(x+1,n-1)；而执行fun(x+1,n-1)时，进入第二层，本层的指针变量x指向元素a[1]，n=1不等于0，执行语句"return x[0]+fun(x+1,n-1);"；执行fun(x+1,n-1)时，进入第三层，本层的指针变量x指向元素a[2]，n=0满足递归结束条件，返回x[0]即a[2]。a[2]的值被带回到第二层的表达式x[0]+fun(x+1,n-1)中，这层中x[0]为a[1]；a[1]+a[2]的值被带回到第一层的表达式x[0]+fun(x+1,n-1)中，此层中的x[0]为a[0]；最后，a[0]+a[1]+a[2]的值被带回到main函数中的fun(a,2)调用处，输出6。

考点 13 函数调用时参数的传递

◇ **考核知识重点与难点**

1. 函数的形参与实参。函数的形参是在函数定义时说明的，它的作用域只在本函数内；函数的实参是在函数调用时给出的，在被调用函数中不能使用实参。进行函数调用时，把实参的值传递给形参，可以在被调用函数中使用形参的值。

形参变量只在发生函数调用时才分配内存空间，在调用结束后立刻释放所占内存单元。函数调用结束返回调用函数，就不能再使用形参变量。

2. 值传递。C 语言规定，实参对形参的数据传递是"值传递"。只由实参传给形参，而不能由形参传回来给实参。实参与形参可以同名，但在内存中它们将占用不同的存储单元。因此形参的值发生变化不会影响实参。

3. 地址传递。函数参数既可以是整型、实型、字符型数据，也可以是指针型数据。如果形参为指针变量时，实参向形参传递的值是一个地址，这种将地址传递给被调用函数的方式称为"地址传递"方式。

指针变量作为函数参数也是进行的"值传递"，因此不能通过调用函数来改变实参指针变量的值，但可以改变实参指针变量所指向的内存空间中的值。

◇ **典型试题分析**

1. 若函数调用时的实参为变量，则以下关于函数形参和实参的叙述中正确的是________。（江苏，2009 秋）

A. 实参和其对应的形参占用同一存储单元

B. 形参不占用存储单元

C. 同名的实参和形参占用同一存储单元

D. 形参和实参占用不同的存储单元

【答案】D

【解析】形参在发生函数调用时才被分配存储单元，不论形参和实参是否同名，形参所占内存单元与实参所占的内存单元都是不相同的。函数调用结束时，形参所占的内存单元被释放。选项 A、B、C 不正确。

2. 以下程序运行时输出结果是________。（江苏，2009 春）

```
#include<stdio.h>
int f( int x,int y)
{ return x+y; }
void main()
{ double a=5.5,b=2.5;
  printf("%d",f(a,b));
}
```

【答案】7

【解析】本题考查的是形参与实参类型不一致时的处理情况。实参 a、b 是 double 型，传给 int 型形参 x、y 时，a、b 的整数部分传给了 x、y，即 x=5，y=2，因此函数返回值为 7。

3. 有以下程序：（全国，2008 年 9 月）

```
#include<stdio.h>
void fun(int a,int b)
{   int t;
    t=a;a=b;b=t;
}
main()
{   int c[10]={1,2,3,4,5,6,7,8,9,0},i;
    for(i=0;i<10;i+=2) fun(c[i],c[i+1]);
    for(i=0;i<10;i++) printf("%d, ",c[i]);
    printf("\n");
}
```

程序的运行结果是________。

A. 1,2,3,4,5,6,7,8,9,0,　　B. 2,1,4,3,6,5,8,7,0,9,

C. 0,9,8,7,6,5,4,3,2,1,　　D. 0,1,2,3,4,5,6,7,8,9,

【答案】A

【解析】本题考查的是调用函数和被调用函数间的数据传递，即实参向形参的单向传值。形参和实参占用不同的存储单元，形参 a、b 的交换不会改变实参的值。因此，main 函数中 5 次调用函数 fun(c[i],c[i+1])，都不改变 c[i]和 c[i+1]的值，数组 c 中元素值保持不变，正确的是选项 A。

4. 下列程序运行时的输出结果是________。（全国，2008 年 9 月）

```
#include<stdio.h>
void fun(int a[],int n)
{   int i,t;
    for(i=0;i<n/2;i++)
    {t=a[i];a[i]=a[n-1-i];a[n-1-i]=t;}
}
main()
{   int k[10]={1,2,3,4,5,6,7,8,9,0},i;
    fun(k,5);
    for(i=2;i<8;i++)printf("%d",k[i]);
    printf("\n");
}
```

A. 345678　　B. 876543　　C. 1098765　　D. 321678

【答案】D

【解析】本题考查的是实参向形参的地址传递。执行 fun(k,5)，指针 a 指向数组 k 的首元素，n 的值为 5。在 fun 函数中运行两次循环，分别交换了 a[0]、a[4]及 a[1]、a[3]，也就是交换了 main 函数中的元素 k[0]、k[4]及 k[1]、k[3]。最后输出 k[2]～k[7]的值为 321678。

5. 以下程序执行后，输出结果是________。（全国，2009 年 3 月）

```
#include<stdio.h>
void fun(int *a)
{   a[0]=a[1]; }
```

```
main()
{   int a[10]={10,9,8,7,6,5,4,3,2,1},i;
    for(i=2;i>=0;i--)fun(&a[i]);
    for(i=0;i<10;i++)printf("%d",a[i]);
    printf("\n");
}
```

【答案】7777654321

【解析】main 函数中第一个 for 循环执行 3 次，3 次调用函数 fun(&a[i])，传递的都是数组元素的地址。第 1 次 fun(&a[2])调用，形参指针 a 指向实参数组元素 a[2]，执行 fun 函数中的 a[0]=a[1]相当于执行 main 函数中的 a[2]=a[3]，a[2]、a[3]都为 7；第 2 次 fun(&a[1])调用，指针 a 指向数组元素 a[1]，执行 fun 函数中的 a[0]=a[1]相当于执行 main 函数中的 a[1]=a[2]，a[1]、a[2]都为 7；第 3 次 fun(&a[0])调用后，a[0]、a[1]都为 7。a[3]～a[9]元素都未重新赋值，保持不变。

6. 若需要通过调用 f 函数得到一个数的平方值，以下关于 f 函数的定义中，不能实现该功能的是________。（江苏，2009 春）

A. void f(double *a){*a=(*a)*(*a);}

B. void f(double a,double *b){*b=a*a;}

C. void f(double a,double b){b=a*a;}

D. double f(double a){return a*a;}

【答案】C

【解析】选项 A、B 中 f 函数都定义为 void 型，无返回值，但它们通过形参指针改变了调用函数中变量的值，使其能得到一个数的平方值；选项 D 是通过 return 语句返回一个数的平方值；选项 C 中的函数是无返回值的，并且形参都只接受传过来的实参值，不能改变实参的值，因而计算出的结果无法带回调用处。因此，选项 A、B、D 都能实现要求的功能。

考点 14　变量的存储类别与作用域

◇ 考核知识重点与难点

1. 变量的存储类别。从变量占用内存单元的时间(生存期)角度来分，变量可分为静态存储方式和动态存储方式。具体分为：自动(auto)、静态(static)、寄存器(register)和外部(extern)4 种存储类别。

静态存储方式是指在编译时分配存储空间的方式。而动态存储方式则是在程序运行时根据需要分配存储空间的方式。

(1) auto 变量又称自动变量，属于动态存储方式。在执行函数时系统给 auto 变量分配存储空间，在函数执行结束时自动释放这些空间。函数的形参和在函数中声明的大多数变量，都属于此类。关键字 auto 可以缺省。

(2) 用 static 声明局部变量，这种变量称为静态局部变量。它属于静态存储方式，同时作用域又是局部的。对于静态局部变量，在函数运行时它已有初值(若不赋初值，编译时自动赋值 0)，以后每次调用函数时不再重新赋值，而是使用上次函数调用结束时的结果值。需要注意的是，虽然它在函数调用结束后仍然存在，但其他函数不能引用它。

(3) register变量称为寄存器变量。为提高程序执行效率，C语言允许将使用频繁的局部变量存储在寄存器中。只有形参和自动变量才可作为寄存器变量。

(4) 用extern声明外部变量，可以扩大其作用范围。有时外部变量的声明并非在文件的开头，这样在声明点之前的函数要使用该变量，则应该先用extern扩展外部变量的作用域，表示它是一个已经声明的外部变量。

2. 变量的作用域。根据变量作用域的不同，变量可分为局部变量和全局变量。

在一个函数内部声明的变量称为内部变量，它只在声明它的范围内有效，即程序的其他部分不可以使用该变量。这样的变量也称为局部变量。

在函数之外定义的变量称为外部变量，外部变量是全局变量。一般地，全局变量的作用域从变量声明的位置开始到本程序文件结束。如果在一个文件中外部变量与局部变量同名，则在局部变量的作用范围内，同名的局部变量起作用。

◇ **典型试题分析**

1. 已知在函数f中声明了局部变量x，如果希望f函数第一次被调用返回后变量x中存储的数据保持到下次f函数被调用时仍可以使用，则在声明x时必须指定其存储类型为________。（江苏，2007秋）

A. auto　　B. register　　C. static　　D. extern

【答案】C

【解析】在C语言中，局部变量不可用extern声明，选项D不正确。在函数调用结束后变量的值依旧保持，到下一次函数调用时仍可使用，这种局部变量只能是静态的，用static声明，选项C正确。选项A和B中的auto、register都属于自动局部变量，只有在发生函数调用时才占用内存单元，调用结束后立刻释放内存空间。

2. 以下叙述中正确的是________。（全国，2004年9月）

A. 局部变量说明为static型，其生存期将得到延长

B. 全局变量说明为static型，其作用域将被扩大

C. 任何存储类别的变量在未赋初值时，其值都是不确定的

D. 形参可以使用的存储类别说明符与局部变量完全相同

【答案】A

【解析】用static声明局部变量，该变量为静态局部变量，它所占用的静态存储单元在整个程序运行期间都不释放，选项A正确。用static声明全局变量，不是使它静态存储，而是限制其作用域为本文件内，不是扩大作用域，选项B不正确。静态局部变量、全局变量未赋初值时，系统编译时自动赋0值，动态变量未赋初值时，其值不确定，选项C不正确。形参在函数调用时才分配空间，占用动态存储区，不能声明为static类型，选项D不正确。

3. 设有下列程序段：（江苏，2006春）

```
static char b=2;
void Y()
{   static float d=4;…}
int a=1;
void X()
{ int c=3;…}
```

关于程序段中各变量的属性，以下叙述中错误的是________。

A. a是全局变量，函数X可以访问，函数Y不能访问

B. b是全局变量，函数X和函数Y都可以访问

C. c是动态变量，函数X可访问，函数Y不可访问

D. d是静态变量，函数X和函数Y都可以访问

【答案】D

【解析】本题考查变量的作用域。全局变量是在函数外部声明的，其作用范围从声明位置开始到本文件结束。函数X能访问全局变量a、b，函数Y只能访问全局变量b。局部变量是在函数内声明的，其作用范围只在声明的函数内有效，即使是静态局部变量，其作用域也只限制在该函数内。函数X能访问局部变量c，函数Y能访问局部变量d。因此，选项A、B、C都是正确的，选项D错误。

4. 下列程序运行后的输出结果是________。 （全国，2009年9月）

```
#include<stdio.h>
int a=5;
void fun(int b)
{ int a=10;
  a+=b;
  printf("%d",a);
}
main()
{ int c=20;
  fun(c);a+=c;
  printf("%d\n",a);
}
```

【答案】3025

【解析】本题考查的知识点是局部变量与全局变量同名时变量的作用域。C语言规定，局部变量与全局变量允许同名，但在局部变量的作用范围内，与之同名的全局变量不起作用。在main函数中全局变量a起作用，在fun函数中局部变量a起作用。先输出的是局部变量a的值30，再输出的是全局变量a的值25。

5. 下列程序运行后的输出结果是________。 （全国，2009年3月）

```
#include<stdio.h>
int b=2;
int fun(int *k)
{ b=*k+b; return(b); }
main()
{ int a[10]={1,2,3,4,5,6,7,8},i;
  for(i=2;i<4;i++)
     { b=fun(&a[i])+b; printf("%d",b); }
  printf("\n");
}
```

A. 10 12　　B. 8 10　　C. 10 28　　D. 10 16

【答案】C

【解析】本题考查全局变量的作用域。全局变量 b 的作用范围是整个程序,函数 main 和函数 fun 中都能访问或改变其值。b 的初值为 2,第 1 次调用函数 fun(&a[2]),形参指针 k 指向 a[2],b=*k+b=a[2]+b=3+2=5,把 b 的值 5 带回调用处,计算 b=5+b=10,输出 10;第 2 次调用函数 fun(&a[3]),b=*k+b=4+10=14,b 的值 14 被带回到调用处,继续运算 b=14+b=28,输出 28。

6. 以下程序运行后的输出结果为________。　　(江苏,2006 秋)

```
#include<stdio.h>
int b;
int fun(int a)
{ static int c=3;
  return ((++a)+(++b)+(++c));
}
void main()
{ int i,a=2;
  for(i=0;i<2;i++)printf("%5d",fun(a));
}
```

【答案】8　10

【解析】本题考查全局变量、静态局部变量和自动变量的作用域。全局变量 b 的初值为 0;静态局部变量 c 在程序运行期间一直占用着存储单元,并保持上次函数调用结束时的值,但只有 fun 函数能访问;形参 a 是动态变量,每次调用 fun 函数时,系统为它重新分配内存单元,函数调用结束时立刻释放。在主函数中,for 循环进行了两次,第一次执行 fun(2),返回 3+1+4=8 时,形参 a 被释放,b=1,c=4;第二次执行 fun(2)时,变量 a、b、c 的值分别为 2、1、4,然后各自自加 1,函数返回 3+2+5=10。

5 指针类型数据

考点 15 指针与地址的概念

◇ 考核知识重点与难点

1. 取地址运算符 &。单目运算符 & 用来求运算对象的地址。

2. 取内容运算符 *。C 语言中提供了一个称作“间接访问运算符”(也称指针运算符)的单目运算符 *。当指针变量中存放了一个确定的地址值时,就可以用间接访问运算符来访问相应的存储单元。如果指针变量 pa 与 &a 是相同的指针,那么 *pa 与 *(&a)有相同的含义,都代表首地址为 &a 的存储单元所存放的整型变量,都与 a 相同。

◇ 典型试题分析

1. 若有以下定义和语句,则下列说法正确的是________。

```
int a=15, *p=&a;
 *p=a;
```

A. 以上两处的 *p 的含义相同,都说明给指针变量 p 赋值

B. 在“int a=15, *p=&a;”中,把 a 的地址赋给了 p 所指的存储单元

C. 语句“*p=a;”把变量 a 的值赋值给指针变量 p

D. 语句“*p=a;”取变量 a 的值放回 a 中

【答案】D

【解析】本题考核的是变量的地址和指向变量的指针变量等基本概念。声明语句“int a=15, *p=&a;”声明了一个 int 型变量 a 并赋值 15,同时声明了一个指针变量 p,并使它指向变量 a。语句“*p=a;”是给指针变量 p 所指向的变量 a 赋值为 a。选项 D 是正确的。

2. 以下程序段的输出结果是________。

```
int *var,a;
a=100; var=&a;
a=*var+10;
printf("%d\n", *var);
```

A. 100　　B. 10　　C. 110　　D. a 变量的地址

【答案】C

【解析】程序中 a 被赋值为 100,随后把 a 的地址赋给指针变量 var。在 a=*var+10 中,*var 和 a 代表同一个值,所以表达式 a=*var+10 与 a=a+10 或 *var=*var+10 是等价的。

3. 设有声明及初始化语句“int i,j, *p=&i;”,则能完成 i=j 赋值功能的语句

是________。

A. i= *p;　　B. *p= *&j;　　C. i=&j;　　D. i= **p;

【答案】B

【解析】选项A相当于是把变量i赋给i;选项C把变量j的地址赋给i,而i并非是指针变量;选项D中**是二级指针运算符,但p并非是二级指针变量;选项B中,*&j和*(&j)等价,即j的值,所以选项B正确。

4. 下面选项所表示的程序段中,正确的是________。

A. int *p; scanf("%d",p);

B. int *s,k; char *p,c; s=&k; p=&c; *p='a';

C. int *s,k; *s=10;

D. int *s,k; char *p,c; s=&k; p=&c; s=p; *s=1;

【答案】B

【解析】指针变量只有指向某一个数据对象,而且必须是指向相同类型的数据对象才能正确引用。选项A和选项C中的错误是指针指向不可预料的存储空间,却向该空间中赋值;选项D中的错误是将int型指针指向了字符型的数据对象c。

考点16　基本类型数组的指针操作

◇ 考核知识重点与难点

1. 数组的指针和数组元素的指针。数组的指针是数组的起始地址,数组元素的指针是数组元素的地址。例如,设有声明语句"int a[3];",数组名a表示数组a的首地址,故a即为数组a的指针,而&a[0]、&a[1]、&a[2]为数组a对应元素的指针。

声明指向数组元素的指针变量与声明指向变量的指针变量的方法相同。例如:

```
int a[10];          /*声明a为包含10个整型数据的数组*/
int *p;             /*声明p为指向整型变量的指针*/
p=a;                /*把数组a的首元素的地址赋给指针变量p,使p指向数组a */
```

注意:

(1) 数组为整型,则指向该数组的指针变量的数据类型也应为整型;

(2) 数组名a不代表整个数组,不是把数组a各元素的值赋值给p,而是代表a数组中首元素的地址(即&a[0]),它是常量指针;

(3) 把a或&a[0]赋给指针变量p,使p指向a数组中下标为0的元素;

(4) 在定义指针变量时可以对它赋初值;

(5) p、a、&a[0]均指同一单元,它们是数组a的首地址,但a、&a[0]是常量,而p是变量,可以移动,使其指向不同的数组元素。

2. 二维数组的行指针。对于二维数组,如果将二维数组中的每一行数组元素作为一个整体来看,那么一个二维数组可以被看作是一个一维数组,这个一维数组的每个元素均为长度相同且具有相同类型的一维数组。

例如,设有声明语句"int s[3][4];",二维数组s包含3行,如每一行看作为一个整体,则s数组可看作包含3个元素的一维数组,三个元素分别为s[0]、s[1]和s[2]。s是该一维数组的数组名，也是该一维数组的首地址。s 是 s[0]的地址，s+1 是 s[1]的地址，s+2 是 s[2]的地址。s,s+1,s+2 分别是每一行的首地址，也被称为二维数组 s 的行地址。

于是，*s 等于*(s+0)，即为 s[0]，*(s+1)即为 s[1]，*(s+2)即为 s[2]。由于行地址代表某一行(这一行可以看成是一个一维数组)的地址，而不是某一个元素的地址，故行地址是一个二级指针。

3. 利用指针访问数组元素。如果指针变量 p 已指向数组中的一个元素，则 p+1 指向同一个数组中的下一个元素。

如果 p 的初值为 &a[0]，则：

(1) p+i 和 a+i 就是 &a[i]的地址。

(2) *(p+i)或*(a+i)就是*(&a[i])，即为 a[i]。

(3) 指向数组的指针变量也可以带下标，如 p[i]与*(p+i)等价。

对数组元素的访问，可以用下标法，也可以用指针法。若指针变量 p 获得数组 a 首元素的地址，则数组 a 与指针 p 的关系如表 3-3 所示。

表 3-3 指针变量与数组的关系

地　址	含　义	数组元素	含　义
a、&a[0]、p	a 的首元素地址	*a、a[0]、*p	数组元素 a[0]的值
a+i、&a[i]、p+i	a[i]的地址	*(a+i)、a[i]、*(p+i)、p[i]	数组元素 a[i]的值

基于指针访问数组时应注意几个问题：

(1) 指针变量可以实现本身值的改变；

(2) 注意指针变量的当前值；

(3) 指针变量 p 指向数组元素，可以指到数组以后的内存单元，C 编译程序不作下标越界检查；

(4) 注意指针变量的运算。

如果 p 指向数组 a 的首元素 a[0]，则：

p++(或 p+=1)，使 p 指向下一元素；

p++与(p++)等价，其作用是先取 p 指向变量的值(即*p)，然后再使 p+1 赋值给 p；

(p++)与(++p)不同，前者为取值 a[0]，p 指向 a[1]；后者为取 a[1]，p 指向 a[1]；

(*p)++表示 p 指向的元素值加 1，即(a[0])++；

4. 字符串与指针。在 C 语言中，没有字符串变量，可以用字符数组存放一个字符串或用字符指针变量指向一个字符串。例如：

```
char *str1="Hello World",str2[]="One World";
```

语句中，str1 是一个指向字符串的指针变量，把字符串的首地址赋给字符型指针变量 str1；str2 是一个字符型数组，隐含定义长度为 10。

指向字符串的指针变量与字符数组是有区别的，主要区别有：

① 字符数组由若干个元素组成，每个元素中放一个字符，而字符指针变量中存放的是字符串的首地址，绝不是将字符串放到字符指针变量中；

② 字符串赋值方式有两种：指针方式和数组方式；

③ 指针变量的值是可以改变的，数组名虽然代表地址，但它的值是不能改变的。

5. 字符指针作为函数参数。利用字符数组名或指向字符串的指针变量作为函数的参数，实参向形参传递的是地址。归纳起来，字符串作为函数参数有如表3-4所示的几种情况。

表3-4 字符串作为函数参数

实　　参	要求的形参	实　　参	要求的形参
数组名	数组名	字符指针变量	字符指针变量
数组名	字符指针变量	字符指针变量	数组名

◇ **典型试题分析**

1. 下面程序的运行结果是________。

```
main()
{  int a[]={5,6,7,8,9}, *p;p=a;
   printf("%d", *p+8);
}
```

A. 5　　B. 6　　C. 12　　D. 13

【答案】D

【解析】指针变量p指向数组a，表达式*p+8中，*p的值为5。

2. 下面程序运行的结果是________。

```
main()
{  int a[]={9,8,7,6,5,4,3,2,1,0}, *p=a+5;
   printf("%d", *--p);
}
```

A. 5　　B. a[4]的地址　　C. 3　　D. 4

【答案】A

【解析】指针变量p指向数组a中的a[5]元素，根据运算符*和--从右到左的结合性，先计算--p，此时p指向a[4]元素，然后再进行*运算，即指针变量p所指向的变量a[4]的值5。

3. 若有声明语句"int a[3][4];"，则不能表示数组元素a[1][1]的是________。

A. *(a[1]+1)　　B. *(&a[1][1])　　C. (*(a+1))[1]　　D. *(a+5)

【答案】D

【解析】本题考查的是二维数组与指向元素的指针的关系。a[1]+1即为&a[1][1]，*(a[1]+1)与*(&a[1][1])或*&a[1][1]等价，均表示元素a[1][1]，故选项A和B均表示元素a[1][1]；选项C中，*(a+1)即为a[1]，故(*(a+1))[1]表示元素a[1][1]。选项D中，由于a是行指针，故a+5已指向a数组所占的存储空间之外，即越界访问。

4. 与声明语句"int *p[3];"等价的是________。

A. int p[3];　　B. int *p;　　C. int *(p[3]);　　D. int (*p)[3];

【答案】C

【解析】选项 A 中 p 被定义为含有 3 个元素的一维数组。选项 B 中 p 被说明成一个整型指针变量。选项 D 把 p 定义成一个指向包含 3 个整型元素的一维数组的指针变量。选项 C 中，p[3]两侧的圆括号可以省略，因为不论是否有圆括号，都是 p 先与[3]结合，p 是数组名，说明 p 是一个指针数组。

5. 下列程序运行时的输出结果是________。

```
main()
{   int a[][4]={1,3,5,7,9,11,13,15,17,19,21,23};
    int (*p)[4]=a,i,j,k=0;
    for (i=0;i<3;i++)
      for(j=0;j<2;j++)
          k=k+*(*(p+i)+j);
    printf("%d\n",k);
}
```

A. 60　　B. 49　　C. 68　　D. 108

【答案】A

【解析】指针 p 为行指针，p+1 表示将 p 移动一行。行指针使用中*(*(p+i)+j)与 a[i][j]具有等价关系。显然 for 循环用于计算数组 a 的前两列元素的和，其值为 60。

6. 下面程序运行的结果是________。

```
main()
{   char ch[2][5]={"4934","8254"},*p[2];
    int i,j,s=0;
    for (i=0;i<2;i++) p[i]=ch[i];
    for (i=0;i<2;i++)
        for (j=0;p[i][j]>'0'&&p[i][j]<'9';j=j+2)
            s=10*s+p[i][j]-'0';
    printf("%d\n",s);
}
```

A. 4385　　B. 43825　　C. 49825　　D. 493825

【答案】A

【解析】本题使用了指针数组 p[2]，其元素分别指向数组 ch 的第一行和第二行，p[i][j]就是 ch[i][j]。程序功能是依次取数组元素 ch[0][0]，ch[0][2]，ch[1][0]和 ch[1][2]中的字符，并将它们转换成对应的数字，由高到低组成一个四位整数，结果为 4385。

7. 以下程序的输出结果是________。

```
main()
{ char a[]="abcd",*p;
  for (p=a;p<a+2;p++)
      printf("%s\n",p);
}
```

【答案】abcd
bcd

【解析】指针变量 p 指向数组 a，第一次循环 p 指向 a[0]，输出 a[0]后的所有数组元素，值为 abcd；第二次循环 p 指向 a[1]，输出 a[1]后的所有数组元素，值为 bcd。

考点 17　结构变量、结构数组的指针操作

◇ **考核知识重点与难点**

1. 结构指针、结构数组。当一个指针变量用来指向一个结构变量时，称之为结构指针变量，简称结构指针。如果一个数组的基类型是结构类型，则称该数组为结构数组。设 p 为指向同类型结构数组的指针变量，且 p 指向该结构数组的首元素，则 p+1 指向下标为 1 的元素，p+i 指向下标为 i 的元素。这与普通数组的情况是一致的。

2. 结构指针的声明及引用。结构指针声明的一般形式如下：

*struct 结构名 * 结构指针名;*

在引入结构指针以后，可以用指针法来引用结构的成员。用指针引用结构成员的一般形式如为“(*结构指针名).成员名”或“结构指针名->成员名”。

◇ **典型试题分析**

1. 设有声明及初始化语句“struct student { int age; int num;}stu, *p; p=&stu;”，则下列选项中，对结构变量 stu 中的成员 age 引用错误的是________。

A. stu.age　　B. student.age　　C. p->age　　D. (*p).age

【答案】B

【解析】当指针指向某个结构变量后，用指针访问结构成员有两种方式：一种是用“.”运算符，另一种是用“->”运算符。选项 A 中 stu 是结构变量，通过结构变量来引用 age；选项 B 中，student 是结构名，不能通过结构名来引用结构中的成员；D 选项中 p 是结构指针变量，用 p 访问 stu 中成员 age，可以用(*p).age，也可以用 p->age。因此答案选择 B。

2. 设有声明及初始化语句“struct ss{ char name[10]; int age; char sex;} std[3], *p=std;”，则下列选项中，错误的是________。

A. scanf("%d",&(*p).age);　　B. scanf("%s",&std.name);

C. scanf("%c",&std[0].sex);　　D. scanf("%c",&(p->sex));

【答案】B

【解析】根据题意，结构指针 p 指向结构数组 std 的首元素，因此选项 A 中的 &(*p).age 等价于 &std[0].age；选项 D 中的 &(p->sex)等价于 &std[0].sex。不难看出，选项 A、C、D 均是正确的 scanf 函数调用。选项 B 错误的原因是成员 name 是地址(数组名)，scanf 函数调用时，输入项应为 std.name。

3. 设有声明及初始化语句“struct {int day; char month; int year;}a, *b; b=&a;”，则可用 a.day 来引用结构变量 a 的成员 day，也可以用___(1)___或___(2)___来引用结构成员 a.day。

【答案】(1)b->day　(2)(*b).day

【解析】因 b 是指向结构变量 a 的结构指针，可以用结构指针来间接引用结构成员。

4. 下列程序的运行结果是________。

```
#include <stdio.h>
```

```
struct ks{ int a;int *b;}s[4], *p;
main()
{  int n=1,i;
   for(i=0;i<4;i++)
    {  s[i].a=n;
       s[i].b=&s[i].a;
       n=n+2;
    }
  p=&s[0]; p++;
  printf("%d,%d\n",(++p)->a,(p++)->a);
}
```

【答案】7,3

【解析】程序中定义了结构数组 s 和结构指针变量 p。main 函数中 for 循环执行结束后结构数组 s 中各元素及其成员的值分别为"1,&s[0].a,3,&s[1].a,5,&s[2].a,7,&s[3].a"。在执行语句"p=&s[0];p++;"后,结构指针 p 指向元素 s[1]。在 printf 语句中表达式"(++p)->a,(p++)->a",先执行(p++)->a,然后再执行(++p)->a(从右至左执行)。所以"(++p)->a,(p++)->a"两个表达式的值分别为 s[3].a 和 s[1].a 的值。

考点 18　用指针作为函数的参数

◇ **考核知识重点与难点**

1. 指针作为函数的参数。变量作为函数参数时,实参向形参传递的是变量的值,形参值的改变无法影响实参,称之为"值传递"方式。如果形参为指针变量时,实参向形参传递的是变量的地址,这种将变量的地址(指针)传递给形参的方式称为"地址传递"方式。

2. 数组元素的指针作为函数的参数。如果有一个实参数组,想在调用函数中改变此数组中元素的值,实参与形参的对应关系有以下 4 种情况:

(1) 形参和实参都用数组名;

(2) 实参用数组名,形参用指针变量;

(3) 实参和形参都用指针变量;

(4) 实参用指针变量,形参用数组名。

3. 数组的行指针作为函数的参数。当二维数组名作为函数的实参时,对应的形参必须是行指针变量。例如,设有声明语句"int a[M][N];"(设 M 和 N 是符号常量),若有函数调用语句"fun(a);",则 fun 函数(设为 void 类型)定义时的首部可以是以下三种形式之一:

(1) void fun(int (*p)[N])

(2) void fun(int p[][N])

(3) void fun(int p[M][N])

上述三种方式中,无论是哪一种方式,编译系统都将把 p 处理成一个行指针。和一维数组相同,数组名传递给形参的是一个地址值,因此,对应的形参也必定是一个类型相同的指针变量,在被调用函数中引用的将是调用函数中的数组元素,系统只为形参开辟一个存放地址的存储单元,而不是为形参开辟一系列存放数组元素的存储单元。

4. 函数的指针。函数的参数可以是变量、指向变量的指针变量、数组名、指向数组的指针变量等，指向函数的指针也可以作为函数的参数，以实现函数地址的传递。

设有一个函数，函数名为sub，它有两个形参x1和x2，定义x1和x2为指向函数的指针变量。在调用函数sub时，实参用两个函数名f1和f2给形参传递函数地址，这样在函数中就可以调用f1和f2函数。

```
sub (int ( * x1),(int)( * x2)(int,int))
{  int a,b,i,j;
   a=( * x1)(i);
   b=( * x2)(i,j);
   …
}
```

◇ **典型试题分析**

1. 若有声明语句“long fun (int * x, int n, long * s); int a[4]={1,2,3,4}; long b, c;”，则以下函数调用语句中正确的是________。

A. c=fun(a,4,b);　　B. c=fun(a[],4,&b);
C. c=fun(a[4],4,b);　　D. c=fun(a,4,&b);

【答案】D

【解析】函数在调用时，形参和实参必须一一对应，实参的类型必须和形参的类型一致或兼容。调用函数fun时，第一个实参应为基类型为int的指针变量或int型变量的地址，第二个实参应为int型变量或常量，第三个参数应为基类型为long的指针变量或long型变量的地址。

2. 以下程序执行后输出结果是________。

```
int * f(int * x,int * y)
{  if( * x< * y) return x;
   else  return y;
}
main()
{  int a=7,b=8, * p, * q, * r;
   p=&a; q=&b;
   r=f(p,q);
   printf("%d,%d,%d\n", * p, * q, * r);
}
```

【答案】7,8,7

【解析】指针变量p和q分别指向变量a和b；函数f的返回值是较小值所在空间的地址。

3. 以下程序执行后输出的结果是________。

```
void fun(int * a,int i,int j)
{  int t;
   if (i<j)
   {  t=a[i];a[i]=a[j];a[j]=t;
      fun(a,++i,--j);
   }
```

```
}
main()
{   int a[]={1,2,3,4,5,6},i;
    fun(a,0,5);
    for(i=0;i<6;i++) printf("%d",a[i]);
}
```

【答案】654321

【解析】fun 函数传递的是 a 数组的地址，在调用函数的时候，形参和实参共用一段存储单元。函数 fun 是一个递归函数，每次调用 fun 函数分别实现了 a[0]与 a[5]、a[1]与 a[4]、a[2]与 a[3]的交换。所以 fun 函数调用结束后，在主函数中输出结果为 654321。

6 单向链表的建立与基本操作

考点 19 链表的基本概念

◇ **考核知识重点与难点**

1. 自引用结构的概念。当结构中的一个或多个成员的基类型就是本结构类型时，通常把这种结构称为可以“引用自身的结构”，简称自引用结构。例如：

```
struct node{ char c; struct node *next;}a;
```

2. 链表的基本概念。链表是一种常见且重要的数据结构，它能实现动态存储分配。链表中的各结点在内存中不一定是连续存放的。要查找链表中的某一个结点，必须从链表的头开始，顺着每个结点提供的下一结点的地址逐一访问。

3. 动态申请和释放结点存储区。动态内存分配不需要预先分配内存空间，而是由系统根据需要即时分配，且分配的内存空间的大小由实际需要来决定。在C语言中，动态内存分配通过内存管理函数来实现，常用的内存管理函数有如下3个。

(1) 分配内存空间函数：void *malloc(unsigned int size)

功能：在内存的动态存储区中分配一块长度为size字节的连续内存空间。若分配成功，则函数的返回值为该存储区的首地址；否则返回NULL(空指针)。

(2) 分配内存空间函数：void *calloc(unsigned int n,unsigned int size)

功能：在内存动态存储区中分配n块每块长度为size字节的连续的内存空间。若分配成功，则函数的返回值为该存储区的首地址；否则返回NULL(空指针)。

(3) 释放内存空间函数：void free(void *p)

功能：释放p所指向的内存空间，该函数无返回值。

◇ **典型试题分析**

1. 已知有结构定义和变量声明如下：

```
struct student{ char name[20];int score;struct student *h;}stu, *p; int *q;
```

下列选项中错误的是________。

A. p=&stu; B. q=&stu.score;

C. scanf("%s%d",&stu); D. p=stu.h;

【答案】C

【解析】选项A中把stu结构变量的地址赋值给结构指针p，即使p指向变量stu。选项B中&stu.score是结构变量stu成员score的地址，即一个整型变量的地址赋给基类型为整型的指针变量q。选项C中将一个结构变量作为一个整体进行输入和输出，有语法错误。选项D中，p和stu.h均为struct student类型的结构指针。

2. 设有结构类型定义和变量声明如下：

struct node{ char data;struct node *next;}a,b,*p=&a,*q=&b;

则下列选项中，不能把结点 b 连接到结点 a 之后的语句是________。

A. a.next=q;　　　　B. p.next=&b;

C. p->next=&b;　　　　D. (*p).next=q;

【答案】B

【解析】(*p).next 与 p->next 是等价的，所以选项 A,C,D 是等价的，它们都能把结点 b 连接到结点 a 之后，选项 B 中，因 p 是结构指针，p.next 表示错误。

3. 设已有定义和声明语句"struct node{ int data;struct node *next;} *p;"，欲调用 malloc 函数，使 p 指向一个 struct node 类型的动态存储空间，则语句应为：p=(struct node *)malloc(________);

【答案】sizeof(struct node)

【解析】分配内存空间函数 void *malloc(unsigned int size)功能是在内存的动态存储区中分配一块长度为 size 字节的连续内存空间。若分配成功，则函数的返回值为该存储区的首地址；否则返回 NULL(空指针)。sizeof(struct node)的功能是求 struct node 结构类型所占内存空间的字节数。

考点 20　链表的基本操作

◇ 考核知识重点与难点

1. 链表的建立。链表的建立是指在程序的执行过程中从无到有地建立起一个链表，即一个一个地开辟结点空间，输入结点的数据，并建立起结点之间的链接关系。建立一个链表，要注意以下三点。

(1) 指出链表的首结点。通常的方法是定义一个与链表结点同类型的结构指针，用于存储第一个结点的地址。

(2) 指明链尾。解决方法是置链表最后一个结点指针域的值为 NULL 或 0。

(3) 申请内存空间，建立新结点并添加到链表中。

将新结点加入到链表中，需要考虑以下两种情况。

(1) 如果原链表为空表，则将新建结点作为首结点。此时指针 head 应指向该结点。此时，该结点既是链表的第一个结点，也是链表的最后一个结点，尾指针 tail 应指向该结点。

(2) 如果原链表为非空，则将新建结点添加到表尾，尾指针 tail 指向链表的最后一个结点。

2. 链表的遍历。如果要将链表中各个结点中的数据依次输出，可以先定义一个结构指针(如结构指针名为 p)指向第一个结点(即执行语句"p=head;")，接着访问 p 指针所指向结点的数据成员。然后让 p 指针指向下一个结点(即执行语句"p=p->next;")，再访问 p 指针指向的新的结点，如此循环往复，直到尾结点。

3. 链表的插入。将一个待插入结点插入到已有链表的适当位置。在将链表结点插入链表时，首先要找到插入位置，方法是从第一个结点开始依次往后查找(遍历各结点)，直到找到插入位置为止；然后把新结点插到相应位置。考虑以下两种情况。

(1) 寻找待插入的位置。即从第一个结点开始依次往后查找(当前指针 current 从 head 开始依次往后移动)。

(2) 插入结点。插入结点时，应考虑以下三种情况：①在首结点前插入新结点；②插入位置在链表中间；③新结点作为尾结点插入。

4. 链表的删除。为了删除链表中的某个结点，首先要找到待删除的结点的前一个结点，然后将此前一结点的指针域去指向待删除结点的后续结点，最后释放被删除结点所占的存储空间。从单链表中删除一个结点，应考虑以下两种情况。

(1) 被删除的是首结点。如果被删除结点是链表中的首结点，那么只要将头指针 head 指向首结点的下一个结点即可删除首结点。

(2) 被删除结点不是首结点。如果待删除的结点不是首结点，只要将前一结点的指针指向当前结点的下一结点即可删除当前结点。

◇ **典型试题分析**

1. 以下函数 creat 用来建立一个带头结点的单向链表，新产生的结点总是插在链表的末尾。单向链表的头指针作为函数值返回。请填空。

```
#include<stdio.h>
struct list{char data; struct list *next;};
struct list *creat()
{ struct list *h, *p, *q;
  char ch;
  h= ___(1)___ malloc(sizeof(struct list));
  p=q=h;
  ch=getchar();
  while(ch!='?')
  { p= ___(2)___ malloc(sizeof(struct list));
    p->data=ch;
    q->next=p;
    q=p;
    ch=getchar();
  }
  p->next='\0';
  ___(3)___;
}
```

【答案】(1)(struct list *) (2)(struct list *) (3)return h 或 return (h)

【解析】建立一个单向链表时，先建立头结点，然后从头结点开始，不断插入新的结点，每次插入的结点都作为链表的新尾结点。程序中首先申请内存空间构造头结点并使 h、p、q 均指向该头结点，以后 h、p、q 将分别指向头结点、当前结点和尾结点。执行循环时，每次用 p 指向新申请的内存空间，其 data 域存放输入的字符，然后将该结点的首地址存入尾结点(即 q 所指的结点)的 next 域中，并将它作为新的尾结点。本题中，(1)空用于申请动态内存存放头结点；(2)空用于申请下一个结点的存储空间，均应填入(struct list *)；(3)空用于返回头指针，应填入 return h 或 return (h)。

2. 已知 head 指向单链表的第一个结点，以下函数 del 完成从单向链表中删除值为 num

的第一个结点。请填空。

```
#include <stdlib.h>
struct student{ int info;struct student *link; };
struct student *del(struct student *head, int num)
{ struct student *p1, *p2;
  if (head==NULL)
      printf("\n list null!\n");
  else
      {  p1=head;
         while(___(1)___)
          {p2=p1; p1=p1->link;}
         if (num==p1->info)
            {  if(p1==head)___(2)___;
               else    ___(3)___;
               printf("delete:%d \n",num);
            }
         else printf("%d not been found! \n", num);
      }
  return (head);
}
```

【答案】(1) num!=p1->info && p1->link!=NULL

(2) head=p1->link　(3) p2->link=p1->link

【解析】要删除链表中的结点,首先要找到要删除的结点,从第一个结点开始依次往后查找,直到找到要删除的结点或者直到链表遍历结束。如果找到要删除的结点,则删除该结点。从单链表中删除一个结点,应考虑以下两种情况:(1)如果被删除结点是链表中的首结点,那么只要将头指针 head 指向首结点的下一个结点即可;(2)如果待删除的结点不是首结点,只要将前一结点的指针指向当前结点的下一结点即可。本题中,while 语句的作用是通过循环遍历各结点,找到要删除的结点,所以(1)空应填写 num!=p1->info && p1->link!=NULL。while 语句结束后,如果找到被删除的结点,p1、p2 便分别指向被删除结点和被删除结点的前一个结点(此时 p1 如果不是首结点)。如果被删除的结点是首结点,则删除结点后应使头指针 head 指向 p1 的后继结点,故(2)空应填写 head=p1->link。如果被删除结点不是首结点,则要把 p2 指向结点的 link 指向当前结点 p1 的下一结点,故(3)空应填写 p2->link=p1->link。

3. 设已经建立了一条链表,链表上结点的数据结构为:

```
struct node{ float English,Math; struct node *next;};
```

求出该链表上的结点个数、英语的总成绩和数学的总成绩,并在链首增加一个新结点,其成员 English 和 Math 分别存放这两门课程的平均成绩。若链为空链时,链首不增加结点。以下函数 ave 的第一个参数 h 指向链首,第二个参数 count 指向的空间用于存放求出的结点个数。请填空。

```
struct node *ave(struct node *h, int *count)
{struct node *p1, *p2;
 float sume=0, sum=0;
```

```
    *count=0;
    if(h==NULL)
      ___(1)___;
    p1=h;
    while (___(2)___)
      {sume+=p1->English;
       sum+=p1->Math;
       *count=*count+1;
       ___(3)___;
      }
    p1=(struct node *) malloc (sizeof(struct node));
    p1->English=sume/(*count);
    p1->Math=sum/(*count);
    ___(4)___;
    h=p1;
    return h;
}
```

【答案】(1) return h 或 return 0　(2) p1 或 p1!=NULL

(3) p1=p1->next　(4) p1->next=h

【解析】程序中,if 语句用于判断链表是否为空,若为空则返回 h,故(1)空应填写 return h 或 return 0。while 语句用于遍历整个链表,并求英语和数学的总成绩及链表中结点的个数,指针 p1 指向遍历链表过程中的当前结点,故(2)空应填写 p1 或 p1!=NULL。(3)空应填写 p1=p1->next。接着,申请新结点并由 p1 指向,把英语和数学的平均成绩存入该结点相应的成员变量中,并将该结点作为整个链表的首结点插入,故(4)空应填写 p1->next=h。

7　其　　他

考点 21　枚举类型

◇ **考核知识重点与难点**

1. 枚举类型的定义。枚举就是将变量可能的取值一一列举出来。枚举类型的一般定义形式为：

enum 枚举类型名{枚举常量表};

2. 枚举常量的使用。在 C 编译器中，枚举常量按定义的顺序依次取值 0,1,2,…。枚举常量不是变量，因此不能赋值。但在定义枚举类型时，可以重新指定枚举常量的值。

3. 枚举变量的赋值及使用。枚举变量只能赋枚举值。同一作用域内，枚举常量与变量必须互不相同。

◇ **典型试题分析**

1. 下列对枚举类型的正确定义形式________。

A. enum a={one,two,three};　　B. enum a {one=5,two=0,three};

C. enum a={"one","two","three"};　　D. enum a {"one","two","three"};

【答案】B

【解析】枚举类型的定义形式与结构、联合类型类似，类型名后面直接跟花括号，花括号中放置枚举常量名，各枚举元素可以单独设置初值。选项 A 多了"="，选项 C 多了"="和双引号，选项 D 多了双引号。

2. 以下程序的输出结果是________。

```
void main()
{ enum em{em1=3,em2=0,em3=2,em4=1};
  char aa[][10]={"China","Japan","America","Canada"};
  printf("%s",aa[em1]);
}
```

【答案】Canada

【解析】本题定义的枚举类型 em 中有 em1、em2、em3 和 em4 四个枚举常量，其值依次为 3、0、2、1。因此 printf 函数调用语句中的输出项 aa[em1]等价于 aa[3]，即输出 Canada。

考点 22　编译预处理

◇ **考核知识重点与难点**

1. 预处理的概念和特点。预处理是指在进行编译的第一遍扫描(词法扫描和语法分析)之前所做的工作。预处理程序独立于C语言编译程序,因此预处理命令语法也独立于C语言语法。一条预处理命令占用单一的书写行,这样的行称之为预处理命令控制行。预处理命令控制行可插在源文件中的任何地方,其作用域是从所在位置起到它所在的源文件的末尾。

2. #define命令及使用。一般地,用#define可以定义宏,宏可分为不带参数的宏和带参数的宏两种。

(1) 不带参数的宏定义形式:*#define 标识符　字符串*

(2) 带参数的宏定义形式:*#define 宏名(形参表)　字符串*

带参数的宏和带参数的函数之间有相似之处,例如,引用宏或调用带参函数时,需在宏名或函数名右边的括号中写实参,都要求实参与形参数目相等,但两者又有所不同,主要表现在以下四点。

① 函数调用时,要求实参、形参类型相匹配,但在宏替换中,对参数没有类型的要求。

② 函数调用时,先求出实参表达式的值,后传给形参,而使用带参的宏只是进行简单的替换。

③ 函数调用是在程序运行时处理的,形参要分配临时的内存单元,还要占用一系列的处理时间。宏替换在编译预处理时完成,因此,宏替换不占运行时间,有参宏中的形参不被分配内存单元,也没有"返回值"的概念。

④ 使用宏的次数较多时,宏展开后源程序变长,而函数调用不会。

3. #include命令及使用。C语言中用#include命令行来实现文件包含的功能。形式如下:

#include"文件名"或# include<文件名>

◇ **典型试题分析**

1. 下列对宏定义的描述中,错误的是________。

A. 宏不存在类型问题,宏名无类型,它的参数也无类型

B. 宏替换不占用运行时间

C. 宏替换时先求出实参表达式的值,然后代入形参运算求值

D. 其实,宏替换只不过是字符替换而已

【答案】C

【解析】本题涉及宏替换的基本概念及其与函数的简单比较,宏替换的实质恰如选项D所言,是字符替代,因此,不会有什么类型,也不进行计算。带参数的宏与函数相比,宏在程序编译之前已经进行替换,执行时不会产生类似于函数调用的问题,不占运行时间。因此选择C。

2. 以下程序的输出结果是________。

```
#define MIN(x,y) (x)<(y)?(x):(y)
#include <stdio.h>
main()
{   int i,j,k;
    i=10;j=15;k=10 * MIN(i,j);
    printf("%d\n",k);
}
```

A. 15　　B. 100　　C. 10　　D. 150

【答案】A

【解析】宏替换时，表达式 k=10 * MIN(i,j)被替换为 k=10 * (i)<(j)?(i):(j)。执行时，把 i 和 j 的值代入，即为 k=10 * 10<15?10:15。因为表达式 10 * 10<15 的值为 0，所以输出结果为 15。

3. 以下程序的输出结果是________。

```
#include<stdio.h>
#define SQR(x) x * x
main()
{ int a, k=3;
  a=++SQR(k+1);
  printf("%d",a);
}
```

A. 9　　B. 17　　C. 10　　D. 8

【答案】A

【解析】宏替换时，表达式++SQR(k+1)将被替换为++k+1 * k+1。

考点 23　文件操作

◇ **考核知识重点与难点**

1. 文件指针变量的声明。在 C 语言中，用一个指针变量指向一个文件，这个指针称为文件指针。通过文件指针就可对它所指的文件进行各种操作。文件指针的一般声明形式为：

*FILE * 指针变量名;*

2. 缓冲文件系统常用函数的使用(fopen，fclose，fprintf，fscanf，fgetc，fputc，fgets，fputs，feof，rewind，fread，fwrite，fseek)。

◇ **典型试题分析**

1. 若 fp 是指向某文件的指针，且已读到文件的末尾，则表达式 feof(fp)返回值是________。

A. EOF　　B. −1　　C. 非零值　　D. NULL

【答案】C

【解析】当文件读到结尾时，feof(fp)为非零值，否则为 0。

2. 下述关于 C 语言文件操作的结论中，________是正确的。

A. 对文件操作必须先关闭文件

B. 对文件操作必须先打开文件

C. 对文件操作无顺序要求

D. 对文件操作前必须先测试文件是否存在，然后再打开文件

【答案】B

【解析】对文件进行读写操作前必须打开文件，打开文件意味着将文件与一个指针关

连,然后通过指针操作文件。通过打开文件也可以测试文件是否存在,例如,若文件不存在,文件指针获得的值为 0。

3. 如果需要打开一个已经存在的非空文件"fa1"进行修改,正确的打开语句是________。

A. fp=fopen("fa1","r");　　B. fp=fopen("fa1","ab+");

C. fp=fopen("fa1","w+");　　D. fp=fopen("fa1","r+");

【答案】D

【解析】由于对打开文件进行修改,可见选项 A 是错误的。选项 B 是以追加方式 ab+打开文件读写的。以这种方式打开时,新写入的数据只能追加在文件原有内容之后,但可以读出以前的数据。换言之,以 ab+方式打开文件后,对于写操作,文件指针只能定位在原有内容之后,但对于读操作,文件指针可以定位在全文件范围内,可见,按此种方式打开文件不能实现文件内容的修改。选项 C 以 w+方式打开文件,此时,原文件中已存在的内容都被清除。但新写入文件的数据可以被再次读出或再次写入,故也不能实现对文件的修改。只有以 r+方式打开文件时,才允许将文件原来数据读出,也允许在某些位置上再写入,从而实现对文件的修改。

4. 以下程序的输出结果是________。

```
#include "stdio.h"
void main()
{ FILE *fp; int i=20,j=30,k,n;
  fp=fopen("d1.dat","w");
  fprintf(fp,"%d\n",i);
  fprintf(fp,"%d\n",j);
  fclose(fp);
  fp=fopen("d1.dat","r");
  fscanf(fp,"%d%d",&k,&n);
  printf("%d%d\n",k,n);
  fclose(fp);
}
```

A. 2030　　B. 70　　C. 35　　D. 1

【答案】A

【解析】fopen 函数打开文件 d1.dat 并让文件指针 fp 指向它;fprintf 函数分别把 i 和 j 的值写入 fp 文件;关闭 fp 文件;再次打开文件 d1.dat 并再次让文件指针 fp 指向它,从文件 fp 中读出两个数 20 和 30,分别赋给变量 k 和 n。

5. 已知函数的调用形式为 fread(buf,size,count,fp),参数 buf 的含义是________。

A. 一个整型变量,代表要读入的数据项总数

B. 一个文件指针,指向要读的文件

C. 一个指针,指向要读入数据的存放地址

D. 一个存储区,存放要读的数据项

【答案】C

【解析】buf 是一个缓冲指针,是读入数据的存放地址。

考点24 常用库函数

◇ **考核知识重点与难点**

1. 常用数学函数(math.h)

(1) 求整型绝对值函数 int abs(int x)

(2) 求实型绝对值函数 double fabs(double x)

(3) 求正平方根函数 double sqrt(double x)(说明：x 的值应≥0)

(4) 求指数函数 double exp(double x)

(5) 求 x 的 y 次方函数 double pow(double x, double y)

说明：不能出现 x、y 均<0，或 x≤0，而 y 不是整数的两种情况。

例如：pow(2, -1)　结果为　0.500000

　　　pow(0.2, 2)　结果为　0.040000

2. 常用字符串处理函数(string.h)

(1) 字符串比较函数 int strcmp(字符串1,字符串2)

(2) 字符串连接函数 char * strcat(字符数组,字符串)

(3) 字符串复制函数 char * strcpy(字符数组,字符串)

(4) 测试字符串长度函数 int strlen(字符串)

3. 常用字符处理函数(ctype.h)

(1) 判断是否为英文字母函数 int isalpha(int x)

(2) 判断是否为数字字符函数 int isdigit(int x)

(3) 判断是否为英文小写字母函数 int islower(int x)

(4) 判断是否为英文大写字母函数 int isupper(int x)

(5) 判断是否为空格、跳格符或换行符函数 int isspace(int x)

◇ **典型试题分析**

1. 要正确使用 strcpy 和 strcat 函数，一般应包含头文件________。

【答案】string.h

2. 下列程序运行时的输出结果是________。

```
#include<stdio.h>
#include<string.h>
main()
{ char p1[10]="abc", * p2,str[50]= "xyz";
  p2="xyz";
  strcpy(str+1,strcat(p1,p2));
  printf("%s\n",str);
}
```

【答案】xabcxyz

【解析】p1 指向字符串"abc"，p2 指向字符串"xyz"，strcat(p1,p2)函数调用将这两个字符串连接，此时 p1 指向字符串"abcxyz"，strcpy 函数调用将字符串"abcxyz"拷贝到以 &str[1]

开始的一片连续的存储单元,而 printf 语句将从 str 数组的首地址开始输出,故输出结果为 xabcxyz。

考点 25　溢出

◇ **考核知识重点与难点**

1. 溢出的基本概念。由于计算机设备的限制和为了操作便利,机器数有固定的位数。它所表示的数受到固定位数的限制,具有一定的范围,超出这个范围就会"溢出"。机器数把其真值的符号数字化,通常是用机器数中规定的符号位(一般是最高位)取 0 或 1 来表示其真值的正或负。

2. 原码、反码、补码。

(1) 原码。整数 X 的原码是指其符号位(最高位)的 0 或 1 分别表示 X 的正或负,其数值部分就是 X 绝对值的二进制表示。例如,假设机器数的位数 n 是 8,其中最高位是符号位,其余是数值部分,则有:$(+19)_{原}=00010011$,$(-19)_{原}=10010011$。

需要注意的是,由于$(+0)_{原}=00000000$,而$(-0)_{原}=10000000$,所以数 0 的原码不唯一,有"正零"和"负零"之分。

原码表示数的范围是$-(2^{n-1}-1)\sim+(2^{n-1}-1)$。

(2) 反码。整数 X 的反码是相对于原码来说的,正整数的反码和原码相同,负整数的反码是其对应原码的符号位保持不变,数值部分按位取反。例如,假设机器数的位数 n 是 8,其中最高位是符号位,其余是数值部分,则有:$(+19)_{反}=00010011$,$(-19)_{反}=11101100$。

与原码类似,反码中"正零"和"负零"分别表示为:$(+0)_{反}=00000000$,而$(-0)_{反}=11111111$。

反码表示数的范围是$-(2^{n-1}-1)\sim+(2^{n-1}-1)$。

(3) 补码。正整数 X 的补码与其原码相同,负整数的补码是其对应的反码在最低位加 1。例如,若机器数的位数 n 是 8,其中最高位是符号位,其余是数值部分,则有:$(+19)_{补}=00010011$,$(-19)_{补}=11101101$。

需要注意的是,0 的补码表示是唯一的,$(+0)_{补}=(-0)_{补}=00000000$

补码表示数的范围是$-2^{n-1}\sim+(2^{n-1}-1)$。

◇ **典型试题分析**

1. 若 int 类型数据占两个字节,则执行下列程序段后的输出结果是________。

```
int k =-1;
printf("%d, %u\n", k, k);
```

A. −1,−1　　B. −1,32767　　C. −1,32768　　D. −1,65535

【答案】D

【解析】−1 在内存中应以−1 的补码形式存储,即为 1111 1111 1111 1111,因此当把 k 值按%d 格式输出时,输出结果为−1;当 k 按%u 格式输出时,为 65535。

2. 若有声明及初始化语句"int a=32767,b;",则在 TC 系统中执行语句"printf("%d",

b=++a);"后的输出结果是________。

A. -32768　　B. -1　　C. 32768　　D. 0

【答案】A

【解析】32767 在内存中的存储形式为：0111 1111 1111 1111，执行++a 即 32767 加 1 后在内存中的存储形式为 1000 0000 0000 0000，符号位由 0 变为 1，是-32768 的补码表示形式。

8 常用算法

考点 26 交换、累加、累乘

◇ **典型试题分析**

1. 设有声明语句“int a,b,c;”,以下语句中执行效果与其他三个不同的是________。

(全国,2009 年 9 月)

A. if(a>b)c=a,a=b,b=c; B. if(a>b){c=a,a=b,b=c;}

C. if(a>b)c=a;a=b;b=c; D. if(a>b){c=a;a=b;b=c;}

【答案】C

【解析】选项 A、B、D 的功能为:当 a>b 为真时,交换变量 a、b 的值;a>b 为假时,a、b 的值保持不变。而选项 C 的功能为:当 a>b 为真时,顺次执行 3 条语句“c=a;a=b;b=c;”,能交换变量 a、b 的值;但当 a>b 为假时,将执行 2 条语句“a=b;b=c;”,因此,答案选 C。

2. 以下程序运行时输出到屏幕的结果是________。 (江苏,2010 春)

```
#include<stdio.h>
void main()
{ int a=1,b=2;
  a+=b;
  b=a-b;
  a-=b;
  printf("%d,%d\n",a,b);
}
```

【答案】2,1

【解析】本题考查的是不借助第 3 个变量交换两个变量的值。

3. 以下程序运行时输出结果是________。 (江苏,2007 秋)

```
void main()
{ int s=1,n=235;
  do
     { s*=n%10;
       n/=10;
     }while(n);
  printf("%d\n",s);
}
```

【答案】30

【解析】本题中变量 s 的初值为 1,do-while 循环的循环体内变量 s 实现累乘。每循环一次 s 中乘上当前变量 n 的个位数字(n%10)，再执行 n=n/10(注意是做整除，即截去 n 的个位)，直到 n 为 0。所以，s=5＊3＊2=30。

4．以下程序的功能是：求 a 数组中前 4 个元素之和及后 6 个元素之和。试完善程序以达到要求的功能。（江苏，2008 秋）

```
#include<stdio.h>
int fsum(int *array,int n)
{ int i,s;
  s=0;
  for(i=0; ___(1)___ ;i++)
       s+=array[i];
  return(s);
}
void main()
{ int a[15]={1,2,3,4,5,6,7,8,9,10,11,12,13,14,15},sumh,sumt;
  sumh=fsum(a,4);
  sumt= ___(2)___ ;
  printf("%d %d\n",sumh,sumt);
}
```

【答案】(1)i<n　(2)fsum(&a[9],6)

【解析】程序中，函数 fsum 用于实现对 array 指向数组中的 n 个元素值进行累加。第一个空应填入 i<n，控制循环执行 n 次。第二空要完成求 a 数组后 6 个元素的和，a 数组中 a[9]开始至最后一个元素共有 6 个元素，故第二个空应填入 fsum(&a[9],6)。

5．有以下程序：（全国，2008 年 4 月）

```
#include<stdio.h>
void fun(int *s,int n1,int n2)
{ int i,j,t;
  i=n1; j=n2;
  while(i<j){ t=s[i];s[i]=s[j];s[j]=t;i++;j--;}
}
main()
{ int a[10]={1,2,3,4,5,6,7,8,9,0},k;
  fun(a,0,3);fun(a,4,9);fun(a,0,9);
  for(k=0;k<10;k++)printf("%d",a[k]);
  printf("\n");
}
```

程序运行后的输出结果是________。

A. 0987654321　　B. 4321098765　　C. 5678901234　　D. 0987651234

【答案】C

【解析】本程序实现的功能是交换数组元素的值。主函数中 3 次调用 fun 函数，分别完成不同元素值的互换。第 1 次调用 fun(a,0,3)实现了 a[0]与 a[3]、a[1]与 a[2]的互换，此时 a 数组中各元素的值依次为 4,3,2,1,5,6,7,8,9,0。第 2 次调用 fun(a,4,9)实现了 a[4]与 a[9]、a[5]与 a[8]、a[6]与 a[7]的互换，此时 a 数组中各元素的值依次为 4,3,2,1,0,9,8,7,6,5。最后一次调用 fun(a,0,9)实现了将 a 数组各元素的逆置，因此输出 a 数组元素值为 5678901234。

考点 27 非数值计算常用算法

非数值计算常用算法主要包含枚举、查找、排序、归并等。

◇ **典型试题分析**

1. 以下程序运行时,若在键盘上输入 2,则输出结果是___(1)___;若在键盘上输入 i,则输出结果是___(2)___。 (江苏,2008 春)

```
#include<stdio.h>
#include<string.h>
int strch(char *s,char ch)
{ int i;
  for(i=strlen(s);i>0;i--)
      if(s[i-1]==ch)return i;
  if(i<=0)return 0;
}
void main()
{ char ch,s1[]="as123d2nfghjkm";int k;
  printf("input ch:");
  ch=getchar();
  k=strch(s1,ch);
  if(k!=0)printf("k=%d\n",k);
  else  printf("not found\n");
}
```

【答案】(1)k=7 (2)not found

【解析】本题实现的功能是在字符串中查找从键盘输入的某一个字符最后一次出现的位置,如果找到,输出其位置,否则输出“not found”。函数 strch 通过循环将字符串中从后向前逐个与字符 ch 比较,一旦匹配成功返回其位置 i;如果因条件不满足循环才结束,即 i<=0 时,说明没找到字符 ch,则返回 0。程序运行时,输入 2,则输出最后出现的 2 的位置为 k=7;输入字符 i 时,由于字符串中不存在字符 i,故输出结果为“not found”。

2. 程序运行后输出结果的第一行是___(1)___,第二行是___(2)___。 (江苏,2006 秋)

```
#include<stdio.h>
#include<string.h>
void main()
{ char s[]="efgefgef",t[]="efg";int i,j,k;
  for(i=strlen(s)-strlen(t);i>=0;i--)
     { for(j=i,k=0;s[j]==t[k]&&t[k]!='\0';j++,k++)
       if(t[k]=='\0')printf("%d\n",i);
     }
}
```

【答案】(1)3 (2)0

【解析】本题实现的功能是在字符串 s 中查找字符串 t 出现过的位置。外循环是将 s 串中所有可能的情况(变量 i 的取值范围 strlen(s)-strlen(t)到 0)逐一加以枚举,内循环则是比较 s、t 中每个对应字符是否相等，当内循环结束时，有两种可能：s[j]! =t[k]或 t[k]== '\0'，当 s[j]! =t[k]时表示从当前 i 位置开始的子串与 t 串不匹配；当 t[k]== '\0'时，表示 s 中从 i 位置开始的子串与 t 串匹配。

3. 以下程序中函数 replace 的功能是：将字符串 s 中所有属于字符串 s1 中的字符都用 s2 中对应位置上的字符替换。例如，若 s 串为"ABCBA"，s1 串为"AC"，s2 串为"ac"，则调用 replace 函数后，字符串 s 的内容将变换为"aBcBa"。请填空。 （江苏，2008 秋）

```
#include<stdio.h>
#define MAX 20
void replace(char *s,char *s1,char *s2)
{ char *p;
  for( ;*s;s++)
     { p=s1;
       while(*p&& __(1)__ )p++;
       if(*p) *s= __(2)__ ;
     }
}
void main()
{ char s[MAX]="ABCBA",s1[MAX]="AC",s2[MAX]="ac";
  __(3)__ ;
  printf("the string of s is:");
  printf("%s\n",s);
}
```

【答案】(1) *p! = *s (2) *(s2+(p-s1)) (3)replace(s,s1,s2)

【解析】在指针 p 指向的字符串中搜索与 s 所指向的字符相等的字符，不相等就继续比较下一个，故(1)空应填入 *p! = *s。当 while 循环结束时，如果 *p== '\0'，表示在 s1 串中没找到字符；否则，表示找到字符，并进行替换。用 s2 串中与 s1 串对应位置的字符替换 s 所指向的字符，p-s1 为找到的字符在 s1 串中的下标，故(2)空应填入 s2[p-s1]或 *(s2+(p-s1))。在 main 函数中，要进行调用 replace 函数来完成查找替换功能，故(3)空应填入 replace(s,s1,s2)。

4. 以下程序运行时输出结果中第一行是 __(1)__ ，第二行是 __(2)__ 。（江苏，2007 秋）

```
#include<stdio.h>
#include<string.h>
void fun(char str[][20],int n)
{ int i,j,k;
  char s[20];
  for(i=0;i<n-1;i++)
     { k=i;
       for(j=i+1;j<n;j++)
            if(strcmp(str[j],str[k])<0)k=j;
       strcpy(s,str[i]);
       strcpy(str[i],str[k]);
       strcpy(str[k],s);
     }
}
main()
```

```
{ char str[6][20]={"PASCAL","BASIC","FORTRAN","C","COBOL","Smalltalk"};
  int i;
  fun(str,6);
  for(i=0;i<6;i++)printf("%s\n",str[i]);
}
```

【答案】(1)BASIC　(2)C

【解析】main 函数中二维数组 str 中存放了 6 个字符串,通过调用函数 fun 对 6 个字符串进行按升序排列,最后按行输出每个字符串。函数 fun 中的二重循环实现了选择法排序,待排序的字符串一共有 n 个,每一趟让一个字符串到位,需要进行 n－1 趟外循环。在第 i 趟的循环中,从第 i 到 n－1 个字符串中找出最小串,将最小串与第 i 个串交换。找最小串使用的是"擂台"思想,假设擂主为第 k 串,将其与后面所有串作比较,若有比第 k 串还小的,则将其记为 k。比较完所有字符串后,第 k 串就是这一趟中的最小串。然后使用一组语句"strcpy(s,str[i]); strcpy(str[i],str[k]);strcpy(str[k],s);"交换第 i 串(串的首地址 str[i])与第 k 串(串的首地址 str[k])。

5. 有以下程序:　　(全国,2008 年 4 月)

```
#include<stdio.h>
#include<string.h>
void fun(char *s[],int n)
{ char *t; int i,j;
  for(i=0;i<n-1;i++)
  for(j=i+1;j<n;j++)
  if(strlen(s[i])>strlen(s[j])){t=s[i];s[i]=s[j];s[j]=t;}
}
main()
{ char *ss[]={"bcc","bbcc","xy","aaaacc","aabcc"};
  fun(ss,5);
  printf("%s,%s\n",ss[0],ss[4]);
}
```

程序运行后的输出结果是________。

A. xy,aaaacc　　B. aaaacc,xy　　C. bcc,aabcc　　D. aabcc,bcc

【答案】A

【解析】main 函数中使用指针数组 ss 指向 5 个字符串,调用函数 fun 对 5 个字符串按串长进行升序排列,最后输出 ss[0]、ss[4]所指向的最短串、最长串。函数 fun 中的二重循环实现了置换排序,待排序的字符串一共有 n 个,每一趟让一个字符串到位,需要进行 n－1 趟外循环。在第 i 趟的循环中,将第 i 个字符串与后面所有串一一作比较,若有长度比第 i 串还短的,则进行交换,使用一组语句"t=s[i];s[i]=s[j];s[j]=t;"交换 s[i]与 s[j],即使得 s[i]指向短串,s[j]指向长串。

6. 下列程序的功能是对 a 数组中存储的 n 个整数从小到大排序。排序算法是:第一趟通过比较将 n 个整数中的最小值放在 a[0]中,最大值放在 a[n－1]中;第二趟通过比较将 n 个整数中的次小值放在 a[1]中,次大值放在 a[n－2]中;依次类推。试完善程序以达到要求的功能。　　(江苏,2010 春)

```
#include<stdio.h>
#define N 7
void sort(int a[],int n)
{ int i,j,min,max,t;
  for(i=0;i< (1) ;i++)
     { (2) ;
      for(j=i+1;j<n-i;j++)
          if(a[j]<a[min])min=j;
          else if(a[j]>a[max])max=j;
      if(min!=i)
       { t=a[min];a[min]=a[i];a[i]=t;}
      if(max!=n-i-1)
        if(max==i)
         { t=a[min];a[min]=a[n-i-1];a[n-i-1]=t;}
        else
         { t=a[max];a[max]=a[n-i-1];a[n-i-1]=t;}
     }
}
void main()
{ int a[N]={8,4,9,3,2,1,5},i;
 sort(a,N);
 for(i=0;i<N;i++)printf("%3d",a[i]);
}
```

【答案】(1)n/2　(2)min=max=i

【解析】本题使用的仍是选择排序法,只不过每一趟排序有两个元素到位。这样循环次数可以减半,因而(1)空作为外循环条件,应填入 n/2。每一趟循环中既要找最小值,又要找最大值,对两个擂主 max、min 都需要设置初值为 i,表示假设第 i 个位置的值既是最小值又是最大值,所以(2)空应填入 min=max=i。在第 i 趟找到的最小值 a[min]应存放在第 i 位置处,只要 min!=i,就交换 a[min]和 a[i];在第 i 趟找到的最大值 a[max]应存放在第 n-i-1 位置处,只要 max!=n-i-1 且 max!=i,交换 a[max]和 a[n-i-1];而当 max!=n-i-1 且 max==i 时,表示最大值应该在原第 i 位置,而现在此处是与第 min 位置交换过来的最小值,所以要交换 a[min]和 a[n-i-1]的值。

考点 28　数值计算常用算法

数值计算常用算法主要包含级数计算、一元非线性方程求根、矩阵运算等。

◇ **典型试题分析**

1. 以下程序按下面指定的数据给 x 数组的下三角置数,并按如下形式输出,请填空。

（全国,2008 年 9 月）

```
4
3  7
2  6  9
1  5  8  10
```

```
#include<stdio.h>
main()
{ int x[4][4],n=0,i,j;
  for(j=0;j<4;j++)
    for(i=3;i>=j; (1) ){n++;x[i][j]= (2) ;}
  for(i=0;i<4;i++)
    {  for(j=0;j<=i;j++)printf("%3d",x[i][j]);
       printf("\n");
    }
}
```

【答案】(1)i－－　(2)n

【解析】本题利用二重循环为二维数组赋值。外循环 4 次，循环变量 j 取遍 0～3 之间的值作为 x 数组的列下标。当 j=0 时，(2)空就是为 x[i][0]所赋的值，即第 0 列元素的值；若内循环体能反复执行，n 的取值分别为 1、2、3、4，正好与 x[3][0]、x[2][0]、x[1][0]、x[0][0]应赋的值一致，故(2)空应填入 n。而内循环变量 i 是数组元素的行下标，i 初值为 3，终值为 0，因此 i 应不断减 1，故(1)空应填入 i－－。

2. 以下程序的功能是：根据公式和精度要求计算 π 的近似值。　　（江苏，2006 秋）

$$\frac{\pi}{2}=1+\frac{1}{3}+\frac{1}{3}\times\frac{2}{5}+\frac{1}{3}\times\frac{2}{5}\times\frac{3}{7}+\frac{1}{3}\times\frac{2}{5}\times\frac{3}{7}\times\frac{4}{9}+\cdots$$

```
#include<stdio.h>
#include<math.h>
double PI(double eps)
{ double s=0,t=1.0;int n;
  for(n=1; (1) ;n++){ s+=t; t=t* (2) ; }
  return 2.0*s;
}
void main()
{ double e=1e-6;              /*e是计算精度要求*/
  printf("%f\n", (3) );
}
```

【答案】(1)t>eps　(2)n/(2*n+1)　(3)PI(e)

【解析】本题解决的是级数求和问题。利用循环计算出公式右边若干项的和，每一项都与前一项有关，第 0 项为 1，第 1 项为 $1\times\frac{1}{3}$，第 2 项为 $1\times\frac{1}{3}\times\frac{2}{5}$，…，第 n 项为 $1\times\frac{1}{3}\times\frac{2}{5}\times\cdots\times\frac{n}{2n+1}$。假设每项的值用 t 存放，则后项为 t*n/(2*n+1)。由于题目中未给出需要累加的项数，但提供了一个表示精度的参数 eps。所以，只要每项 t 的值没达到所给的精度，就将该项 t 累加到变量 s 中，直到 t 小于等于 eps 时停止循环。因此(1)空应填入 t>eps，(2)空应填入 n/(2*n+1)。main 函数中的(3)空应进行函数调用，并将 e 作为实参传给 eps，故(3)空应填入 PI(e)。

3. 已知 A 是一个 3×3 矩阵，B 是 A 的转置矩阵，C=A×B，C 的计算公式为：

$$C_{ij}=\sum_{k=0}^{2}a_{ik}\times b_{kj}$$

试完善程序以达到要求的功能。　　（江苏，2005 秋）

例如，测试矩阵与结果矩阵分别为：

矩阵 A：			A 的转置矩阵 B：			矩阵 C＝A×B		
1	2	3	1	4	7	14	32	50
4	5	6	2	5	8	32	77	122
7	8	9	3	6	9	50	122	194

```
#include<stdio.h>
void prod(int a[][3],int b[][3],int c[][3])
{ int i,j,k;
  for(i=0;i<3;i++)
     for(j=0;j<3;j++)
         ___(1)___;
  for(i=0;i<3;i++)
       for(j=0;j<3;j++)
       { ___(2)___;
         for(k=0;k<3;k++)
            c[i][j]+=a[i][k]*b[k][j];
       }
}
void main()
{ int a[3][3]={1,2,3,4,5,6,7,8,9},b[3][3],c[3][3],i,j;
  prod(a,b,c);
  for(i=0;i<3;i++)
       { for(j=0;j<3;j++)printf("%5d",c[i][j]);
         printf("\n");
       }
}
```

【答案】(1)b[j][i]=a[i][j]或 b[i][j]=a[j][i]　(2)c[i][j]=0

【解析】本题中的 prod 函数实现两个功能，一是将 a 数组转置存入 b 数组，二是将 A×B 的结果存入 C 数组。(1)空是要将 a 数组的所有元素对应送入 b 数组中，由于需要转置，也即将 a 数组的第 i 行第 j 列元素存入 b 数组的第 j 行第 i 列元素，或将 a 数组的第 j 行第 i 列元素存入 b 数组的第 i 行第 j 列元素，故(1)空应填入 b[j][i]=a[i][j]或 b[i][j]=a[j][i]。

将矩阵 a 和 b 乘积的公式展开为：c[i][j]=a[i][0]*b[0][j]+ a[i][1]*b[1][j]+a[i][2]*b[2][j]，循环“for(k=0;k<3;k++)c[i][j]+=a[i][k]*b[k][j];”实现了 3 次累加，但在求和之前，还没有为 c[i][j]赋初值。故(2)空应填入 c[i][j]=0。

第4部分　模拟试卷

课程考试模拟试卷 1

（考试时间 120 分钟，满分 100 分）

一、单选题（每小题 2 分，共 30 分）

1. 以下选项中，能作为用户标识符的是________。

A. void　　B. 8_8　　C. _0_　　D. unsigned

2. 设有声明语句“double y=3.45678; int x;”，则下列表达式中能实现将 y 中数值保留至小数点后 2 位，小数点后第 3 位四舍五入的表达式是________。

A. y=(y*100+0.5)/100.0　　B. x=y*100+0.5, y=x/100.0

C. y=y*100+0.5/100.0　　D. y=(y/100+0.5)*100.0

3. 若有声明“int a=1,b=0;”，则下列表达式的值为 0 的是________。

A. !a&&b　　B. --a||!b　　C. a>b++　　D. !(a&&b)

4. 有以下程序段：

```
int m=0256,n=256;
printf("%o,%o\n",m, n);
```

程序运行后的输出结果是________。

A. 0256,0400　　B. 0256,256　　C. 256,400　　D. 400,400

5. 执行下列程序段后，变量 i 的值是________。

```
int i=1;
switch(i){   case  0: i+=1;
             case  1: i+=1;
             case  2: i+=1;
             default: i+=1;
         }
```

A. 1　　B. 2　　C. 3　　D. 4

6. 下列与“y=(x>0?1:x<0?-1:0);”功能相同的 if 语句是________。

A.
```
if(x>0)y=1;
    else if(x<0)y=-1;
        else y=0;
```

B.
```
if(x)
    if(x>0)y=1;
    else if(x<0)y=-1;
        else y=0;
```

C.
```
y=-1;
if(x)
  if(x>0)y=1;
  else if(x==0)y=0;
      else y=-1;
```

D.
```
y=0;
if(x>=0)y=1;
else y=-1;
```

7. 在C语言中,break语句________。

A. 能用在C源程序中的任何位置　　B. 只能用在循环体内

C. 只能用在循环体内或switch语句中　　D. 可用作函数内的任一语句

8. 设有程序段:

```
int x=10;
while(x=0)x=x-1;
```

则下列叙述中正确的是________。

A. while循环执行10次　　B. 循环是无限循环

C. 循环体语句一次也不执行　　D. 循环体语句只执行一次

9. 以下关于函数定义的叙述中,正确的是________。

A. 构成C语言源程序的基本单位之一是函数定义

B. 所有被调用的函数必须在调用之前定义

C. main函数的定义必须放在其他函数定义之前

D. 定义main函数时,main函数的函数体内必须至少包含一条语句或声明

10. 以下能将字符串“good!”正确地存放在字符数组s中,或使指针变量s能正确地指向这个字符串的是________。

A. char s[5]={ 'g','o','o','d','!'};　　B. char s[5];s="good!";

C. int s[5]="good!";　　D. char *s;s="good!";

11. 若有语句:char s1[10],s2[10]="books";

则下列表示中,能正确地将字符串“books”赋给数组s1的是________。

A. s1={"books"};　　B. strcpy(s1,s2);

C. s1=s2;　　D. strcpy(s2,s1);

12. 以下正确的函数声明语句是________。

A. int fun(int a, b);　　B. float fun(int a; int b);

C. double fun();　　D. int fun(char a[][]);

13. 设有说明语句:“char *s="abcd";”,则执行s+=2后,putchar(*s)的内容是________。

A. a　　B. b　　C. c　　D. cd

14. 若有“struct sk{int a; float b;}data,*p=&data;”,则对data中成员a的正确引用是________。

A. (*p).data.a　　B. (*p).a　　C. p->data.a　　D. p.data.a

15. 下列对typedef的叙述中,错误的是________。

A. 用typedef可以增加新类型

B. 用typedef可以定义各种类型名,但不能用来定义变量

C. 用typedef只是将已存在的类型用一个新的标识符来代表

D. 使用typedef有利于程序的通用和移植

二、填空题(每空1分,共20分)

1. C源文件取名,后缀名一般为__(1)__。编译源代码,生成目标文件,其后缀名一般为__(2)__。

2. 设有声明语句"int m;float n;char ch;",若用输入函数调用语句实现为上述三个变量赋值,且输入数据流为:3,12.6a↙,则该语句应为"scanf("__(3)__",__(4)__);"。

3. 数学表达式$\frac{|x-y|}{\sqrt{a^2+b^2}}$所对应的C语言表达式为__(5)__。在C程序中要计算这样的表达式,通常必须包含头文件__(6)__。

4. 在C语言中,每一个变量和函数都有两种属性:数据类型和存储类别。存储类别指的是数据在内存中存储的方式,存储方式分为两大类:静态存储方式和动态存储方式。具体包含__(7)__、register、extern和__(8)__。

5. 若有声明及初始化语句如下:

```
int a[3][4]={{1,2,3},{4,5},{6,7,8}};
```

则执行该语句后,a[1][2]=__(9)__,a[2][1]=__(10)__。

6. 在C程序中,若有函数定义如下:

```
void f()
{ static int i;
… }
```

其中,void表明函数f__(11)__;而i是一个__(12)__整型变量。

7. 在C语言中,预处理命令行必须以__(13)__开头,该命令是在__(14)__被处理的。

8. 设有声明语句"char *s="\ta\017bc";",则指针变量s指向的字符串所占内存的字节数是__(15)__。

若有程序段:

```
char *s="\ta\018bc";
for( ; *s!='\0'; s++)printf("*");
```

则for循环体语句的执行次数是__(16)__次。

9. 设有变量说明:int x=3,y=1,z;,执行语句"z=--x|| y++;"后,变量y的值为__(17)__,变量z的值为__(18)__。

10. 设有以下说明语句:

```
struct student { int x;
                 int *y;
               };
int dt[4]={1,2,3,4};
struct student a[4]={10, &dt[3], 20, &dt[2], 30, &dt[1], 40, &dt[0]}, *p=a;
```

则表达式++p->x的值为__(19)__,表达式*(++p)->y的值为__(20)__。

三、阅读程序写出结果(每小题4分,共20分)

1. 运行以下程序,若输入数据为：12 18↙,则输出结果为________。
注：用↙表示回车。

```
#include <stdio.h>
main()
{   int   a, b, t;
    scanf("%d%d", &a, &b);
    t=a;
    while(t%b!=0)
        t+=a;
    printf("%d", t );
}
```

2. 下列程序的运行结果是________。

```
#include <stdio.h>
void f(int x,int y)
{int t;
 t=x;x=y; y=t;
}
main()
{int a=1,b=100;
 f(a,b);
 printf ("%d,%d\n",a,b);
}
```

3. 以下程序运行的结果是________。

```
#include <stdio.h>
main()
{ int i;
  for(i=0;i<3;i++)
        printf("%3d",f(i));
}
f(int x)
{   int y=0;
    static int z=1;
    y++,z++;
    return(x+y+z);
}
```

4. 运行下列程序时,从键盘上依次输入 book↙和 bo ok↙时,则下列程序运行的结果是________。注：用↙表示回车。

```
#include <stdio.h>
#include<string.h>
void main()
{
```

```
    char a[80],b[80];
    char *s=a, *t=b;
    gets(s);
    gets(t);
    if(!strcmp(s,t))printf("*");
    else printf("$");
    printf("%d",strlen(strcat(s,t)));
}
```

5. 以下程序运行的结果是________。

```
#include<stdio.h>
int aa[3][3]={{2},{4},{6}};
main()
{
  int i, * p=&aa[0][0];
  for(i=0;i<2;i++)
    {  if (i==0) aa[i][i+1]= *p+1;
       else ++p;
       printf("%d", *p+1);
    }
}
```

四、完善程序题(每空2分,共30分)

1. 以下程序的功能是统计正整数的各位数字中零的个数,并求出各位数字中的最大者。请填空。

```
main()
{  long int n,t;
   int count=0, max=0;
   scanf ("%ld",&n);
   while(n)
   {  t=__(1)__;
      if (t==0) count++;
      else if(max<t) max=t;
      __(2)__;
   }
  printf("count=%d,max=%d\n",count,max);
}
```

2. 程序中函数double mycos(double x)的功能是:根据下列公式计算cos(x)的近似值,直到某一项的绝对值小于10^{-6}为止。在主函数中输入x值,输出cos(x)的值。请填空。

$$\cos(x) = 1 - \frac{x^2}{2!} + \frac{x^4}{4!} - \frac{x^6}{6!} + \cdots + (-1)^n \frac{x^{2n}}{(2n)!}$$

```
#include <stdio.h>
#include <math.h>
double mycos(double x)
{  int n=1;
```

```
    double sum=0,term=1.0;
    while(fabs(term)>= 1e-6)
        { sum+=term;
          term *= ___(3)___;
          n=n+2;
        }
    return sum;
}
main()
{ double x;
  scanf("%lf",&x);
  printf("cos(%lf)=%lf\n",x, ___(4)___);
}
```

3. 有如下说明和变量的定义：

```
struct node
{   char data;
    struct node * link;
} * p, * q;
```

设 p、q 已分别申请到一个结点空间，现要求把结点 q 连接到结点 p 之后。写出建立如下图所示的存储结构和赋值所需的语句。

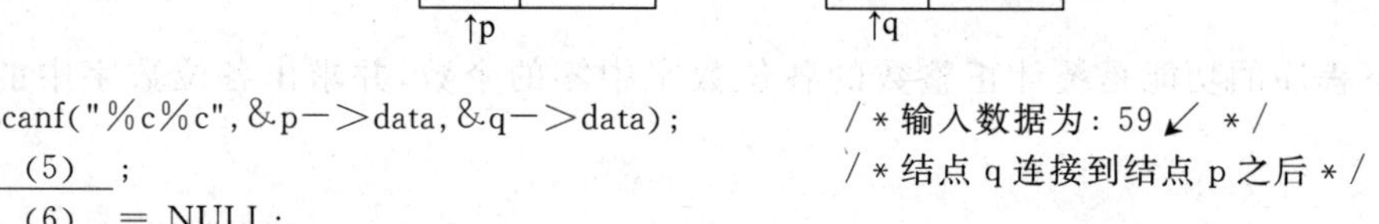


```
scanf("%c%c",&p->data,&q->data);          /* 输入数据为：59↙ */
___(5)___;                                 /* 结点 q 连接到结点 p 之后 */
___(6)___ = NULL;
```

4. 以下程序的功能是实现 N 行 N 列矩阵的转置，即行列互换。

```
#include "stdio.h"
#define N 3
void fun(int a[][N])
{   int i,j,t;
    for(i=0;i<N;i++)
        for(j=0; ___(7)___ ;j++)
          {
            t=a[i][j];
            a[i][j]=a[j][i];
            a[j][i]=t;
          }
}
void  main()
{   int b[N][N],i,j;
    for(i=0;i<N;i++)
        for(j=0;j<N;j++)
           scanf("%d", ___(8)___);
    fun(b);
```

```
    for(i=0;i<N;i++)
      { for(j=0;j<N;j++)
            printf("%4d",b[i][j]);
        printf("\n");
      }
}
```

5. 有N个字符串,输出其中的最大串。注:不可使用库函数strcmp、strcpy。程序中的comp函数能实现字符串的比较功能,copy函数能实现字符串的复制功能。

```
#include"stdio.h"
#define N 5
int comp(char a[ ],char b[ ])
{   int i=0;
    while(a[i]==b[i]&&a[i]!='\0')
        i++;
    return a[i]-b[i];
}
void copy(char *s,char *t)
{   __(9)__(*s++=*t++);
}
void main()
{   char s[20],str[N][20];
    int i;
    for(i=0; i<N; i++) gets(str[i]);
    __(10)__;
    for(i=1; i<N; i++)
        if(comp(s, str[i])<0)
              __(11)__;
    for(i=0; s[i];i++)
        printf("%c",s[i]);
}
```

6. 一个简易的明码密码对照表如下:

a	c	e	g	h	j	l	n	p	\0
f	o	n	p	t	i	u	d	e	\0

以下程序中函数void encode(char *s1, char *s2)的功能是完成一个字符串的加密,将s1字符串中的字符经过变换后保存到s2指向的字符数组中。二维数组cs用于保存上述明码密码对照表,第一行是明码字符,第二行是对应的密码字符。加密方法:从串s1中每取一个字符,均在cs表第一行中查找有无该明码字符,若找到则将对应的密码字符放入s2中,否则将s1中原来的字符放入s2中。

```
#include <stdio.h>
char cs[2][10]={"aceghjlnp","fonptiude"};
void encode(char *s1,char *s2)
{ int n,i,j;
  for(n=0; s1[n]!='\0'; n++)
  {   for( i=0; i<10 && __(12)__ ;i++);
```

```
        if(___(13)___) s2[n]=s1[n];
        else s2[n]=cs[1][i] ;
    }
    s2[n]= '\0';
}
main()
{ char ts[80]="jntwrnwt",td[80];
  encode(ts, td);
  puts(ts); puts(td);
}
```

7. 以下程序对一组点坐标(x,y)按升序进行排序。要求：先按 x 的值排序，若 x 的值相同，则按 y 的值排序(排序算法为直接选择排序)。请填空。

```
#include <stdio.h>
#define N 5
typedef   struct{ int x;int y; }POINT;
void   point_sort( POINT  *x,  int n)
{   POINT t;
    int i,j,k;
    for ( i=0; i<n-1; i++)
        {___(14)___;
          for( j= i+1 ;j<n; j++ )
              if((x[k].x)>(x[j].x)) k=j;
              else if(___(15)___&&x[k].y>x[j].y)k=j;
          if (k!=i)
              {t=x[i],x[i]=x[k],x[k]=t;}
        }
}
main()
{ POINT a[N];
  int i=0;
  while(i<N)
  { scanf("%d%d",&a[i].x,&a[i].y);
    i++;
  }
  point_sort(a,N);
  for(i=0;i<N;i++)
      printf("\n%d,%d",a[i].x,a[i].y);
}
```

课程考试模拟试卷1参考答案及解析

一、单选题(每小题2分,共30分)

1.【答案】C

【解析】C语言规定用户标识符只能使用字母、数字和下划线,且数字不能开头,应避开关键字。

2.【答案】B

【解析】本题考核的知识点为自动类型转换。选项A的运算结果为3.46178,没能将小数点后第3位开始的数字舍掉;选项C与D与要求不符;选项B通过表达式“x=y*100+0.5”的运算,使x的值为346,再将x/100.0的结果3.46赋给y,符合题意。

3.【答案】A

【解析】选项A中先对a取反,其值为0,“与”运算左边值为0,则结果为0。

4.【答案】C

【解析】题中“m=0256,n=256”的“0256”是八进制数,“256”是十进制数,输出时则要求按“%o”格式,即八进制数格式。

5.【答案】D

【解析】本题考核的知识点为多分支选择语句switch的流程控制。switch语句中,执行完一个case标号后面的语句,如果没有遇到break语句跳转,程序流程将转移到下一个case标号后继续执行。本题中变量i初值为1,故执行case 1后的语句“i+=1;”,由于没有遇到break语句,接着执行case 2后的语句“i+=1;”,同理还要执行default后的语句“i+=1;”,因此i的值为4。

6.【答案】A

【解析】本题考核的知识点为嵌套的三目条件运算符和嵌套if语句的使用。三目条件运算自右向左,嵌套if语句使用时,必须把握if和else的配对关系。

7.【答案】C

8.【答案】C

【解析】循环条件“x=0”是赋值表达式,不是判断x的值是否等于0,而是使得x值为0,循环条件为假,循环体一次未做循环就已结束。

9.【答案】A

【解析】C语言是一种函数式语言,其中必有主函数main。所有函数的定义都是独立的,不能嵌套。C语言规定函数应先定义后使用,如果函数定义在后调用在先,需要先声明,因此main函数的定义不必放在其他函数之前。函数体为空的函数称为空函数,表示功能待扩展。

10.【答案】D

【解析】选项 A 是将 5 个字符一一存入数组 s 中，但没有存入字符串的结束标记'\0'；选项 B 中定义的是数组 s，数组名 s 代表的常量地址，不能为其赋值；选项 C 中将数组 s 定义成了 int 型，并且只有 5 个元素，而字符串“good!”有 6 个字符（包含'\0'）。选项 D 定义的指针变量 s，将 s 指向字符串“good!”。

11.【答案】B

【解析】本题将 s1 和 s2 定义为数组，数组名表示常量地址，因此选项 A 和 C 不能正确赋值。选项 B 和 D 都是利用函数 strcpy 复制字符串，根据 strcpy 函数的原型，选择 B。

12.【答案】C

【解析】函数声明需要对函数类型、函数名、函数的所有形参一一声明。选项 A 未对第 2 个形参 b 声明类型；选项 B 在声明形参时未用逗号分隔，错误地使用了分号；选项 D 错误，形参数组的声明中可以省略第一维的大小，但不能省略第二维的大小。选项 C 声明了一个 double 型无参函数 fun。

13.【答案】C

【解析】该题中声明及初始化语句“char ＊s＝"abcd";”使指针 s 指向字符串首字符，执行“s＋＝2”后，s 指向第 3 个字符，所以＊s 的内容为'c'。

14.【答案】B

【解析】可以使用结构变量引用其成员，如 data.a、(&data)－>a；也可以用指向该结构变量的指针引用成员，如 p－>a、(＊p).a。

15.【答案】A

【解析】C 语言中用 typedef 为已存在的类型取别名，不会增加新类型，不能定义变量。使用 typedef 有利于程序的通用和移植。

二、填空题（每空 1 分，共 20 分）

1.【答案】(1).c　(2).obj

2.【答案】(3)%d,%f%c　(4)&m,&n,&ch

【解析】scanf 函数调用形式：scanf(格式控制，地址表列)，其中格式说明%d、%f、%c 分别控制带符号的十进制整数、单精度浮点数和单字符的输入，格式控制中的普通符号如“,”，输入时应原样输入。地址表列应分别给出各变量的地址。

3.【答案】(5)fabs(x－y)/sqrt(a＊a＋b＊b)　(6)math.h

【解析】数学中的绝对值、平方根在 C 语言中需用函数 fabs(或 abs)、sqrt，并且使用这一类数学函数时，需要包含相关的头文件 math.h。

4.【答案】(7)自动或 auto　(8)静态或 static

5.【答案】(9)0　(10)7

【解析】该题定义二维数组 a 并按行进行了初始化，每行 3 个元素值，不足 3 个的赋 0 值，注意元素下标从 0 开始。因此 a[1][2]为 0，a[2][1]为 7。

6.【答案】(11)无返回值　(12)静态局部或静态内部

7.【答案】(13)#　(14)编译前

8.【答案】(15)6 (16)6

【解析】字符串"\ta\017bc"中含有普通字符、转义字符'\t'、'\017',一共有5个字符,再加上字符串的结束标记'\0',共占用6个字节的内存单元。而字符串"\ta\018bc"中有6个字符,'\01'是转义字符,'8'是普通字符,需要7个字节存储单元。根据题意,for循环体的执行次数是6次,当*s为'\0'时,循环结束。

9.【答案】(17)1 (18)1

【解析】本题考查的是逻辑运算的优化原则。在表达式−−x||y++中,||运算左边是−−x,x的原值为3,−−x后为2,非零即真,"或"运算的左边运算对象的值为真,无论右边对象是什么值,最终结果都为真,因此整个表达式的值为真,右边表达式y++没有运算。y保持原值,z为1。

10.【答案】(19)11 (20)3

【解析】本题定义并初始化结构数组a,数组元素a[0]~a[3]的y成员项分别指向整型数组元素dt[3]~dt[0]。运算符−>的优先级高于++和*。第一个表达式++p−>x等价于++(p−>x),p指向数组元素a[0],p−>x等价于a[0].x,该表达式就是将a[0].x自增1,所以值为11;第二个表达式*(++p)−>y相当于++p,*p−>y,将p指针下移指向a[1],p−>y相当于a[1].y,该表达式就是取a[1].y所指向存储单元的内容,*(a[1].y)就是dt[2],其值为3。

三、阅读程序写出结果(每小题4分,共20分)

1.【答案】36

【解析】源程序的循环体语句"t+=a;",使变量t始终是a的1、2、3……若干倍。循环条件"t%b!=0"是要找到第一个能被b整除的t,使得循环停止。此程序功能是找出a和b的最小公倍数。

2.【答案】1,100

【解析】本题考查的是函数调用,实参向形参进行的单向值传递。执行语句"f(a,b);",将实参a、b的值分别传给形参x、y后,在f函数的函数体内交换了x和y的值,但是形参x、y值的变化不会影响实参a、b的值,返回到main函数中,变量a和b的值保持不变。

3.【答案】3 5 7

【解析】本题考查静态局部变量的应用。main函数三次调用f函数,每次输出函数的返回值。f函数中y是自动变量,每次调用f函数时,y的初值总为0;z是静态局部变量,每次调用f函数时,z总保留上次结束时的值。第一次调用时,x为0,y为0,z为1,执行"y++,z++;"后,y为1,z为2,返回0+1+2即3;第二次调用时,x为1,y为0,z为2,执行"y++,z++;"后,y为1,z为3,返回1+1+3即5;第三次调用时,x为2,y为0,z为3,执行"y++,z++;"后,y为1,z为4,返回2+1+4即7。

4.【答案】$9

【解析】本题考查字符串函数的简单使用。

5.【答案】34

【解析】本题数组元素aa[0][0]=2,aa[1][0]=4,aa[2][0]=6,其他元素值均为0。

for 循环执行两次循环体，第一次 i 为 0，p 指向 a[0][0]时，a[0][1]＝3，输出 a[0][0]＋1 即 3；第二次 i 为 1，p 指向 a[0][0]时，＋＋p 后 p 指向 a[0][1]，输出 a[0][1]＋1 即 4。

四、完善程序题（每空 2 分，共 30 分）

1.【答案】(1)n%10 (2)n＝n/10

【解析】程序中需要分离 n 每一位上的数字，分离一位判断一次。(1)空是从 n 中分离出个位数。if-else 语句不仅了统计 0 的个数，还将分离出的数字与 max 作比较，保证 max 存放较大者。判断结束后应去掉 n 的个位数字，为下次循环作准备。

2.【答案】(3)－x＊x/(n＊(n＋1)) (4)mycos(x)

【解析】main 函数中调用函数 mycos 求 cos(x)的值，(4)空应填 mycos(x)。mycos 函数中的 sum 用于存放若干项的和，变量 term 存放每一项的值，(3)空需要分析公式中前后项的关系，后项分子比前项分子多乘 x＊x，后项分母比前项分母多乘 n＊(n＋1)，前后项符号相反，因此已知前项 term，后项应为 term＊(－x＊x)/(n＊(n＋1))。

3.【答案】(5)p－>link＝q 或(＊p).link＝q (6)q－>link 或(＊q).link

【解析】(5)空需要将结点 q 连接到 p 之后，结点 p 中的成员项 link 是与 q 具有相同类型的指针，因而可以将 p－>link 指向结点 q，应填入 p－>link＝q。(6)空是为结点 q 中成员 link 赋 NULL 值，应填入 q－>link＝NULL。

4.【答案】(7)j<i 或 j<＝i (8)&b[i][j]或 b[i]＋j

【解析】本题行列互换时需要注意，主对角线元素可换可不换，下三角和上三角对称元素只能换一次，否则矩阵会还原。

5.【答案】(9)while (10)copy(s, str[0]) (11)copy(s, str[i])

【解析】本题的 copy 函数功能是将 t 串复制到 s 指向的空间中，需要一个字符一个字符地赋值，因而(9)空应设置循环，填入 while。main 函数不仅实现输入输出，还得找出最大串，(10)空先把第一个串设为擂主，即 copy(s, str[0])。(11)空是在 s 中保留 s 和 str[i]中的较大者。

6.【答案】(12)s1[n]!＝cs[0][i] (13)i>＝10 或 i＝＝10

【解析】根据题意 encode 函数的功能就是将 s1 字符串中的字符加密后存入 s2 指向的字符数组中。encode 函数中的外循环枚举 s1 字符串中的所有字符，循环体对每一字符 s1[n]做加密处理；(12)空所在行的循环语句，其循环体是空语句，从现有的表达式可以看出最多循环 10 次，目的就是在 cs 数组的 10 个明码字符中查找是否存在字符 s1[n]，如找到该字符就提前结束循环，(12)空应填 s1[n]!＝cs[0][i]。循环体内的 if-else 语句分两种情况：如果在明码字符中未找到字符 s1[n]，则将 s1[n]原样赋给 s2[n]；否则将 cs 数组中对应位置的密码字符 cs[1][i]赋给 s2[n]。因此(13)空填入 i>＝10。

7.【答案】(14)k＝i (15)x[k].x＝＝x[j].x

【解析】直接选择法排序的基本思想是从所有数中先找出最小的，将其放在第一个位置，再在余下的数中找出最小的，放在第二个位置，依次类推，最后完成排序。对于某个元素 x[i](i＝0,1,2,…,n－1)，将它的 x 成员与后面所有的元素(x[i＋1]～x[n－1])的 x 成员进行比较，找出 x[i]～x[n－1]范围内 x 成员最小的元素的下标 k，若成员 x 的值相等则找出 y 成员值最小的下标 k,比较结束后如果 x[k]不在相应的位置,则将 x[i]与 x[k]的值交换。

(14) 空是假设下标为 k 的元素的成员 x 值最小;内循环用于比较后面所有元素中有没有比 x[k].x 值更小的,循环变量 j 的范围应该是[i+1,n-1],如果有比 x[k].x 值更小的,则将其下标存入 k 中,否则如果它们的成员 x 值相等,且有比 x[k].y 值更小的,则将其下标存入 k 中,在每一趟比较结束后,如果 x[k]不在相应的位置,就交换 x[i]与 x[k]的值。

课程考试模拟试卷 2

（考试时间 120 分钟，满分 100 分）

一、单选题（每小题 2 分，共 30 分）

1. 用于结构化程序设计的 3 种基本结构是________。

   A. 顺序结构、选择结构、循环结构　　B. if，switch，break

   C. for，while，do-while　　D. if，for，continue

2. 下列各组中不全是 C 语言关键字的是________。

   A. int，struct，extern　　B. char，auto，union

   C. double，main，void　　D. if，default，continue

3. 若已定义 x 和 y 为 double 型，则表达式 x=1，y=x+3/2 的值为________。

   A. 1　　B. 2　　C. 2.0　　D. 2.5

4. 若有"int x，y；"，以下表达式中不能正确表示数学关系|x−y|<10 的是________。

   A. abs(x−y)　　B. x−y>−10&&x−y<10

   C. !(x−y)<=−10||!(y−x)>=10　　D. (x−y)*(x−y)<100

5. 下列程序运行时________。

```
main()
{ int x=3,y=0,z=0;
  if (x=y+z)printf(" **** ");
  else if(x==0)printf(" #### ");
       else printf(" $$$$ ");}
```

   A. 有语法错误不能过通过编译　　B. 输出 ****

   C. 输出 $$$$　　D. 输出 ####

6. 下列程序段执行时的输出结果是________。

```
for( i=9; i>0; i--)
  if( i%3==0 ){printf("%d",--i);continue;}
```

   A. 963　　B. 852　　C. 741　　D. 630

7. 设有程序段：

```
int x=-1;
do {   x=x*x; }while (!x);
```

则下列叙述中正确的是________。

   A. 循环是无限循环　　B. 循环体语句执行 1 次

C. 循环体语句执行2次　　D. 有语法错误

8. 下列语句中,能正确进行字符串赋值操作的语句是________。

A. char s1[5][]={"ABCDE"};

B. char s2[]={'A','B','C','D','E'};

C. char s3[][10]={"ABCDE"};

D. char s4[5]={'A','B','C','D','E'};

9. 以下叙述中错误的是________。

A. 用户定义的函数中可以没有return语句

B. 用户定义的函数中可以有多个return语句,以便可以调用一次就返回多个函数值

C. 用户定义的函数中若没有return语句,则可以定义函数为void类型

D. 函数的return语句中可以没有表达式

10. 对于C语言程序中的函数,下列叙述中正确的是________。

A. 函数的定义不能嵌套,但函数的调用可以嵌套

B. 函数的定义可以嵌套,但函数的调用不能嵌套

C. 函数的定义和调用均不能嵌套

D. 函数的定义和调用可以嵌套

11. 若有声明"int a[10]={1,2,3,4,5,6,7,8}, *p=&a[5];",则p[-3]的值为________。

A. 4　　B. 2　　C. 不一定　　D. 3

12. 有以下程序段:

```
char str[][10]={ "China","Beijing"}, *p=str;
printf("%s\n",p+10);
```

程序运行后的输出结果是________。

A. China　　B. Beijing　　C. ng　　D. ing

13. 下列对枚举类型的正确定义形式是________。

A. enum a={one,two,three};　　B. enum a{one=9,two=-1,three};

C. enum a={"one","two","three"};　　D. enum a{"one","two","three"};

14. 若有以下调用语句,则错误的fun函数的首部是________。

```
main()
{  int a[50],n;
   …
   fun(n,&a[9]);
   …
}
```

A. void fun(int m, int x[])　　B. void fun(int s, int h[50])

C. void fun(int p, int *s)　　D. void fun(int m, int a)

15. 若有语句"typedef struct S{int g; char h;}T;",下列叙述正确的是________。

A. 可用S定义结构变量　　B. 可用T定义结构变量

C. S 是 struct 类型的变量　　　　D. T 是 struct S 类型的变量

二、填空题（每空 1 分，共 20 分）

1. 除 goto 语句外，C 语言中的转移语句还有＿(1)＿、＿(2)＿和 break。
2. 调用 C 语言标准库函数时要求用＿(3)＿预处理命令，strcat 函数的作用是＿(4)＿。
3. 数学表达式$\frac{\sqrt[3]{x}}{a+b}$所对应的 C 语言表达式为＿(5)＿。在 C 程序中要计算这样的表达式，通常必须包含头文件＿(6)＿。
4. C 语言规定，简单变量做实参时，它和对应形参之间的数据传递方式是＿(7)＿；数组名作为实参时，传递给对应形参的是数组的＿(8)＿。
5. 设有声明及初始化语句：

```
char b[5]={ '1 ', '2 '};
int a[][3]={{1,2},{3,4}};
```

则 a[1][1]的值是＿(9)＿，b[2]的值是＿(10)＿。
6. 设有说明“int x,y;”，则表达式“x=(y=6,y+6,y++),(x=6)+8”的值为＿(11)＿，y 的值为＿(12)＿。
7. 若有声明“double a[100];”，则 a 数组元素的下标上限是＿(13)＿；若有声明“char s[]="\x69\082\n";”，则数组 s 所占内存空间的大小是＿(14)＿。
8. 若有声明“int a[4]={0,1, 2,3}, * p=&a[1];”，则表达式++(* p)的值是＿(15)＿；表达式 * --p 的值是＿(16)＿。
9. 若一结构的成员项是指向本结构类型的结构指针，则称该结构为＿(17)＿。定义这种结构类型的一般形式如下：

```
struct node {   int data;
                ___(18)___ next;
            };
```

10. 设有定义如下：

```
struct stu { long num; char name[20]; char sex; int age;
           }x,s[]={{10,"LiLi", 'M',18},{12,"Mike", 'F ',19}};
```

若想输出姓名 Mike，输出函数调用语句应为 printf("%s",＿(19)＿)；
若想将 s[0]元素值赋给 x 变量，语句应为＿(20)＿。

三、阅读程序写出结果（每小题 4 分，共 20 分）

1. 下面程序的运行结果是＿＿＿＿＿。

```
#include<stdio.h>
void change(int x,int y,int *z)
 { int t;
```

```
    t=x;x=y;y= *z; *z=t;
  }
void main()
{  int x=18,y=27,z=63;
   change(x,y,&z);
   printf("x=%d,y=%d,z=%d\n",x,y,z);
}
```

2. 下面程序的运行结果是________。

```
#include<stdio.h>
main()
 { char a[]="morning",t;
    int i,j=0;
    for(i=1;i<6;i++)
       if(a[j]<a[i])j=i;
       else t=a[j],a[j]=a[i],a[i]=t;
    puts(a);
 }
```

3. 以下程序的运行结果是________。

```
#include<stdio.h>
main()
 {  int i,j=3;
     for(i=j;i<=2*j;i++)
         switch(i/j)
          {  case 0:
                case 1: printf ("*");break;
                case 2: printf ("#");
          }
 }
```

4. 以下程序运行的结果是________。

```
#include <stdio.h>
int x1=1,x2=2;
int sub(int x,int y)
{  x1=x;
   x=y;
   y=x1;
}
void main()
{
  int x3=3,x4=4;
  sub(x3,x4);
  sub(x2,x1);
  printf("%d,%d,%d,%d\n",x3,x4,x1,x2);
}
```

5. 以下程序运行的结果是________。

```
#include <stdio.h>
```

```
#include <ctype.h>
long fun(char s[])
{
    long n; int sign; char *p=s;
    sign=(*s=='-')?s++,-1:1;
    for(n=0;isdigit(*s);s++)       /* isdigit()测试是否是数字符,如是返回1,否则返回0*/
        n=10*n+*s-'0';
    while(isalpha(*s))             /* isalpha()测试是否是字母,如是返回1,否则返回0*/
        *p++=*s++;
    *p=0;
    return sign*n;
}
void main()
{   char a[]="-653ab24c";
    printf("%s%ld\n", a, fun(a));
}
```

四、完善程序题(每空 2 分,共 30 分)

1. 下列程序的功能是按 5 个一行输出 100 至 1000 之间各位数字之和是 5 的数,并统计这些数的个数。请填空。

```
#include<stdio.h>
main()
{   int s,i,k,count=0;
    for(i=100;i<=1000;i++)
     { s=0; k=i;
       while(k)
         { s=s+k%10;
           k=___(1)___;
         }
       if (___(2)___)
         {   count++;
             if(count%5==0)printf("%5d\n",i);
             else   printf("%5d",i);
         }
     }
   printf("\n%5d",count);
}
```

2. 以下程序的功能是在 N 个 10 到 60 之间的整数中找出能被 5 整除的最大的数,如存在则输出这个最大值,如果不存在则输出“NOT FOUND”。

```
#include "stdio.h"
#include "stdlib.h"
#define N 30
int find(int arr[],int n)
{ int m=0, i;
  for(i=0;i<n;i++)
```

```
        if(   (3)   )
            m=arr[i];
    return(m);
}
void main()
{   int a[N],i,k;
    for(i=0;i<N;i++)
        a[i]=rand()%50+10;
    k=find(   (4)   );
    if(k==0)
        printf("NOT FOUND\n");
    else
        printf("The max is:%d\n",k);
}
```

3. 以下程序的功能是用二分法求方程 $2x^3-4x^2+3x-6=0$ 的根，并要求绝对值误差不超过 0.001。请填空。

```
#include <stdio.h>
#include <math.h>
float f(float x)
{ float y;
    y=2*x*x*x-4*x*x+3*x-6 ;
    return y;
}
main()
{   float m=-100, n=90, r;
    r=(m+n)/2;
    while(   (5)   )
     { if(f(r)*f(n)<0)
            m=r;
       else n=r;
       (6)   ;
     }
    printf("This fangcheng jie is%6.3f\n",r);
}
```

4. 从键盘输入 10 个学生的姓名、性别和成绩，计算并输出这些学生的平均成绩。请填空。

```
#include<stdio.h>
#define N 10
struct student{ char name[20];char sex;int score;}stu[N];
void main()
{ int i;float aver,sum=0;
  for(i=0;i<N;i++)
     { scanf("%d,%c%s",&stu[i].score, &stu[i].sex,   (7)   );
        (8)   ;
     }
  aver=sum/10;
  printf("aver=%6.2f\n",aver);
}
```

5. 下列程序的功能是实现两个变量值的交换。

```
#include "stdio.h"
int fun(int *x, int y)
{   int t ;
    t = *x ;
    *x = y ;
    ___(9)___ ;
}
void main()
{
      int a = 3, b = 8 ;
      printf("%d %d\n", a, b) ;
      b = fun(___(10)___) ;
      printf("%d %d\n", a, b) ;
}
```

6. 以下程序的功能是将字符型数组中存放的字符按升序排列，并将连续出现的多个字符压缩为一个字符。输出处理后的字符串及被删除的字符个数。

例如：原来的字符数组数据：must pass the examination

数组处理后，输出为：aehimnopstux

n=12

```
#include "stdio.h"
#include "string.h"
#define swap(a,b) {char c;c=a;a=b;b=c;}
void sort(char s[])
{
      int i,j,k,n;
      n=strlen(s);
      for(i=0;i<n-1;i++)
       {   k=i;
           for(j=i+1;j<n;j++)
              if(___(11)___)k=j;
           swap(___(12)___) ;
       }
}
int compress(char s[])
{
      int i=0,j,count;
      count =strlen(s);
      if(s[i]!='\0')j=1;
      while(s[j])
        {  while(s[i]==s[j]&&s[j])
                j++;
           ___(13)___ =s[j];
        }
      count -= ___(14)___ ;
      return count;
}
```

```
void main()
{
    int n;
    char a[100]="must pass the examination";
    sort(a);
    n=compress(a);
    ___(15)___;
    printf("n=%d\n",n);
}
```

课程考试模拟试卷 2 参考答案及解析

一、单选题(每小题 2 分,共 30 分)

1.【答案】A

2.【答案】C

3.【答案】C

4.【答案】C

5.【答案】D

【解析】本题中第一个 if 条件表达式是“x=y+z”,表示对 x 赋值为 0,所以条件为假,执行 else 后面的第二个 if 条件的判断,表达式“x==0”此时为真,则输出 ####。

6.【答案】B

7.【答案】B

【解析】先执行循环体使得 x=1,后判断循环条件“!x”时,!x 为“假”结束循环。

8.【答案】C

【解析】选项 A 错是因为二维数组的大小只能缺省第一维的,不能省第二维的大小。选项 B 和 D 都只是将字符依次存入数组中,没有多余空间存入字符串的结束标记('\0')。

9.【答案】B

【解析】void 型函数无返回值,因此函数中不需要 return 语句;非 void 型函数需要返回值时,函数中可以有一个或多个 return 语句,但函数只能返回一个值。若 return 语句中没有表达式,则返回不确定的值。

10.【答案】A

11.【答案】D

【解析】本题中指针 p 的初值为 a[5]元素的地址,那么 p[-3]表示的是 p-3 空间中的内容,即 a[2]的值。

12.【答案】B

【解析】二维数组 str 的物理空间是连续的 20 个字节内存单元,前 10 个单元存放"China",后 10 个单元存放"Beijing"。指向元素的指针 p 初值为第 0 行的首地址,p+10 即为第 1 行的首地址。

13.【答案】B

【解析】选项 A、C 是定义形式的错误。枚举元素是常量,但不是字符串常量,不能加双引号,选项 D 是错误的。在定义枚举类型时可以指定枚举常量的序号值,故选 B。

14.【答案】D

【解析】根据函数调用语句“fun(n, &a[9]);”可知第一个实参是 int 型数据,第二个实参是 int 型的地址,形参与实参的类型、个数要一致,只有选项 D 是错误的。

15.【答案】B

【解析】题中"typedef struct S{int g; char h;}T;"是为结构类型 struct S 取别名 T。T 为结构类型名,S 是结构名,所以可以用 T 定义结构变量。

二、填空题(每空 1 分,共 20 分)

1.【答案】(1)continue (2)return

2.【答案】(3)#include 或 include (4)连接两个字符串

3.【答案】(5)pow(x,1./3)/(a+b) (6)math.h

4.【答案】(7)值传递或单向值传递 (8)首地址

5.【答案】(9)4 (10)0

【解析】数组初始化时若只对部分元素赋值,其他未赋值的元素皆为 0(整型数组)、0.0(实型数组)或'\0'(字符型数组)。a[0][0]、a[0][1]、a[1][0]、a[1][1]分别为 1、2、3、4,a[0][2]和 a[1][2]为 0; b[0]和 b[1]分别为字符'1'、'2',b[2]~b[4]都为'\0'或 0。

6.【答案】(11)14 (12)7

【解析】根据运算的优先级和结合性,应先执行"x=(y=6,y+6,y++)",y 为 7,后运算"(x=6)+8",x 为 6,表达式的值为 14。

7.【答案】(13)99 (14)6

【解析】数组元素的下标从 0 开始,到数组长度减 1 为止。字符串"\x69\082\n"的有效字符个数为 5,再加一个'\0',一共 6 个字节。

8.【答案】(15)2 (16)0

9.【答案】(17)自引用结构 (18)struct node *

10.【答案】(19)s[1].name (20)x=s[0]

【解析】本题中对结构数组 s 初始化,s[0]中存放的是 10、"LiLi"、'M'、18,s[1]中存放的是 12、"Mike"、'F'、19。字符串"Mike"存放在 s[1]的 name 数组中,所以,输出项填 s[1].name 即可。

三、阅读程序写出结果(每小题 4 分,共 20 分)

1.【答案】x=18,y=27,z=18

【解析】函数调用时参数有两种传值方式:值传递和地址传递。main 函数中的函数调用语句"change(x,y,&z);",实参 x、y 实现的是单向值传递,形参值的改变不会影响实参;而实参 &z 完成的是地址传递,形参指针变量 z 中存放的 main 函数中变量 z 的地址,当对 *z 赋值时就改变了 main 函数中变量 z 的值。在 change 函数中"t=x;…; *z=t;",t 的值为 18,再将 18 赋给 *z,所以程序的输出结果为 x=18,y=27,z=18。

2.【答案】moirnng

【解析】for 循环的循环体执行了 5 次。第一次循环 a[0]<a[1]成立,则 j=1; 第二次循环时 a[1]<[2]成立,则 j=2; 第三次循环 a[2]<a[3]不成立,则交换 a[2]和 a[3]的

值，此时的字符串为"monring"，j 仍为 2；第四次循环 a[2]＜a[4]不成立，则交换 a[2]和 a[4]的值，此时的字符串为"moirnng"，j 为 2；第五次循环 a[2]＜a[5]成立，j 为 5，i 为 6 结束循环。

3.【答案】***#

【解析】根据题意“for(i=j;i＜=2*j;i++)”可知，for 循环的循环变量 i 取遍 3～6 之间的每一个整数，第一、二、三次循环 i/j 的值都为 1，输出三个 *；第四次循环 i/j 的值为 2，输出一个 #。

4.【答案】3,4,2,2

【解析】本题考查两个知识点：全局变量和参数的单向传值。第一次函数调用“sub(x3,x4);”后 x3、x4 的值未改变，全局变量 x1 的值改为 3；第二次“sub(x2,x1);”调用后 x2 的值不变，全局变量 x1 的值再一次被改变，其值为 2。

5.【答案】ab-653

【解析】本题 fun 函数中的 for 循环把字符串中串首的连续数字字符，转换为整数存入 n 中；while 循环则把连续的字母串存入到 p 指向的数组 a 中。

四、完善程序题(每空 2 分，共 30 分)

1.【答案】(1)k/10 (2)s==5

【解析】i 依次取区间[100、1000]内的每个整数，循环体中判断当前的 i 是否满足各位数字和为 5。由于 i 是循环变量，不能改变其值，先将 i 转赋给变量 k，通过 while 循环将 k 中的每一位数字求和。while 循环体中变量 s 不断累加的是 k 的个位数字，为了下一次循环的累加做准备，变量 k 需要截去已求过和的个位数字，(1)空填 k/10。while 循环结束后变量 s 中存储的是各位数字和，应立刻判断它是否为 5，以统计满足条件的数的个数，(2)空填 s==5。

2.【答案】(3)m＜arr[i]&&arr[i]%5==0 (4)a,N

【解析】find 函数功能是找遍 arr 数组中的每一元素，满足能被 5 整除且又是较大者，则存入 m 中。

3.【答案】(5)fabs(f(r))＞0.001 (6)r=(m+n)/2

【解析】main 函数利用二分法思想实现求方程 $2x^3-4x^2+3x-6=0$ 在[−100,90]内的近似根。

4.【答案】(7)stu[i].name (8)sum+=stu[i].score

【解析】本题考查的是结构变量成员的引用问题。根据格式控制字符串可知，(7)空是字符串的首地址，即 stu[i].name，注意不能填 &stu[i].name，因为 name 是数组名，是地址常量。(8)空需要计算学生成绩总和，应填入 sum+=stu[i].score。

5.【答案】(9)return t (10)&a,b

【解析】main 函数中调用 fun 函数，第 1 个参数传递的是地址，第 2 个单向值传递，也就是说第二实参的值不会受 fun 函数中形参 y 的影响。而 fun 函数是有返回值的，返回的值正好存入 b 中，从而可以达到改变 b 值的目的。

6.【答案】(11)s[k]>s[j]　(12)s[k],s[i]　(13)s[++i]

(14) strlen(s)或 i　(15)puts(a)或 printf("%s\n",a);

【解析】本题中 sort 函数对字符串 s 按升序进行选择排序。函数 compress 完成字符串 s 的压缩处理,返回删除的字符个数(原串长-新串长)。compress 函数利用双重循环留下互不相同的字符,通过内循环 while 的不断比较,直至找到后面第一个与 s[i]不同的字符s[j],将其存入 s[i]元素的下一单元中,(13)空填入 s[++i]。

全国计算机等级考试 C 语言模拟试卷

一、选择题(共 30 题,每题 1 分)

1. 以下关于函数的叙述中,正确的是________。
   A. 每个函数都可以被其他函数调用(包括 main 函数)
   B. 每个函数都可以被单独编译
   C. 每个函数都可以单独运行
   D. 在一个函数内部可以定义另一个函数
2. 下列叙述中,正确的是________。
   A. 只使用三种基本结构即可解决任何复杂问题
   B. C 语言程序并不是必须要定义 main 函数
   C. 只要程序包含了任意一种基本结构,就肯定是结构化程序
   D. 程序中的语法错误只能在运行时才能显现
3. 以下叙述中,正确的是________。
   A. 调用 printf 函数时,必须要有输出项
   B. 使用 putchar 函数时,必须在之前包含头文件 stdio. h
   C. 在 C 语言中,整数可以以二进制、八进制或十六进制的形式输出
   D. 调用 getchar 函数读入字符时,可以从键盘输入字符所对应的 ASCII 码
4. 下列选项中,可作为 C 语言合法数值型常量的是________。
   A. 3.2　　B. 'X'　　C. 099　　D. 0xEH
5. 下列选项中,不能作为用户标识符的是________。
   A. 1_su　　B. If　　C. su_1　　D. int1
6. “sizeof(double)”是一个________。
   A. 整型表达式　　B. 函数的定义
   C. 对被调用函数的声明　　D. 函数调用
7. 设有声明及初始化语句“int x=7,y=12;”,则以下表达式值为 3 的是________。
   A. y%=(x-x%5)　　B. y%=(x%=5)
   C. y%=x-x%5　　D. (y%=x)-(x%=5)
8. 能正确表示代数式 $\sqrt{|a^x+\ln y|}$ 的 C 语言表达式是________。
   A. sqrt(fabs(pow(a,x)+log(y)))　　B. sqrt(fabs(a ^x+log(y)))
   C. sqrt(abs(a ^x+log y))　　D. sqrt(abs(pow(a,x)+log y))
9. 下列程序段运行后 x,y,z 的值分别是________。

```
int x=1,y=2,z=2;
```

```
z= x++&&y--||(z=0),
```

A. 1,2,0　　B. 2,1,1　　C. 2,1,2　　D. 1,2,1

10. 下列程序运行时的输出结果是________。

```
#include<stdio.h>
main()
{int a=1,b=2,c=3,d=4;
 y=a>b?c:d>a?b:c;
 printf("%d",y);
}
```

A. 1　　B. 2　　C. 3　　D. 4

11. 字符数组 a 和 b 中存储了两个字符串，判断字符串 a 和 b 是否相等，应当使用的是________。

A. if(strcmp(a,b)==0)　　B. if(strcpy(a,b)==0)

C. if(a==b)　　D. if(*a==*b)

12. 有以下程序段

```
int i, n;
for( i=0; i<8; i++ )
  {   n=rand()%5;
      switch(n)
       {   case 1:
           case 3: printf( "%d\n", n );break;
           case 2:
           case 4: printf( "%d\n", n );continue;
           case 0:exit(0);
       }
      printf( "%d\n", n );
}
```

以下关于程序段执行情况的叙述，正确的是________。

A. for 循环语句固定执行 8 次

B. 当产生的随机数 n 为 4 时结束循环操作

C. 当产生的随机数 n 为 1 和 2 时不做任何操作

D. 当产生的随机数 n 为 0 时结束程序运行

13. 有下列程序段

```
int  n, t=1, s=0;
scanf( "%d", &n );
do { s=s+t; t=t-2; }while( t!=n );
```

为使此程序不陷入死循环，从键盘输入的数据应该是________。

A. 任意正奇数　　B. 任意负偶数　　C. 任意正偶数　　D. 任意负奇数

14. 下列程序段运行后，表达式“**c”的值是________。

```
int a=5, *b, **c ;
c=&b; b=&a;
```

A. 变量 a 的地址　　B. 变量 b 中的值　　C. 变量 a 中的值　　D. 变量 b 的地址

15. 字符串"\n\\n\"0"在内存中占用的字节数是________。

A. 4　　B. 5　　C. 8　　D. 6

16. 下列程序运行时的输出结果是________。

```
void swap1( int c0[], int c1[] )
{   int t; t=c0[0]; c0[0]=c1[0]; c1[0]=t; }
void  swap2( int *c0, int *c1 )
{   int t; t=*c0; *c0=*c1; *c1=t; }
main()
{   int a[2]={3, 5}, b[2]={3, 5};
    swap1( a, a+1 ); swap2( &b[0], &b[1] );
    printf( "%d %d %d %d\n", a[0], a[1], b[0], b[1] );
}
```

A. 3 5 5 3　　B. 5 3 3 5　　C. 3 5 3 5　　D. 5 3 5 3

17. 下列程序运行时的输出结果是________。

```
#include<stdio.h>
main()
{   int  x=1,y=2,z=3;
    z=f(x,&y);
    printf("x=%d,y=%d,z=%d",x,y,z);
}
int f(int x,int *y)
{   x++;
    (*y)++;
    return x+(*y);
}
```

A. x=1,y=2,z=3　　B. x=1,y=3,z=5

C. x=2,y=3,z=5　　D. x=1,y=2,z=5

18. 下面能正确地说明并用字符串初始化数组的语句是________。

A. char s[]={'\141'};　　B. char s[]="AB";

C. char s[2]="AB";　　D. char s="AB";

19. 设有如下函数定义

```
int fun( int k )
{   if(k<1) return 0;
    else  if(k==1) return  1;
    else  return  fun(k-1)+1;
}
```

若执行调用语句"n=fun(3);",则函数 fun 总共被调用的次数是________。

A. 2　　B. 3　　C. 4　　D. 5

20. 若已定义"int a[4][3]={1,2,3,4,5,6,7,8,9,10,11,12},(*k)[3]=a,*p=a[0];",则能正确表示数组元素 a[1][2]的表达式是________。

A. *((*k+1)[2])　　B. *(*(p+5))

C. (*k+1)+2　　　　D. *(*(a+1)+2)

21. 有以下程序

```
#include<stdio.h>
main()
{  char *p1=0; int *p2=0; float *p3=0;
   printf("%d,%d,%d\n",sizeof(p1), sizeof(p2), sizeof(p3));
}
```

程序运行后的输出结果是________。

A. 1,4,4　　B. 4,4,4　　C. 1,2,4　　D. 1,1,4

22. 以下叙述中,错误的是________。

A. 未经赋值的 auto 变量值不确定　　B. 未经赋值的全局变量值不确定

C. 未经赋值的 register 变量值不确定　　D. 未经赋值的静态局部变量值为 0

23. 有以下程序

```
#include<stdio.h>
main()
{  int i, j=0;
   char a[]="How are you", b[10]={0};
   for(i=0; a[i]; i++)
      if( a[i]== ' ')
         b[j++]=a[i+1];
   printf("%s\n",b);
}
```

程序运行后的输出结果是________。

A. Hay　　B. Howareyou　　C. we　　D. ay

24. 下列程序运行时的输出结果是________。

```
#include<stdio.h>
#define f(x) (x*x)
main()
{  int i1,i2;
   i1=f(8)/f(4); i2=f(4+4)/f(2+2);
   printf( "%d,%d\n", i1, i2);
}
```

A. 64,28　　B. 4,4　　C. 4,3　　D. 64,64

25. 下列叙述中,错误的是________。

A. 字符型指针可以指向一个字符串

B. 函数可以通过指针形参向所指单元传回数据

C. 基类型不同的指针可以直接相互赋值

D. 指针的运用可使程序代码效率更高

26. 下列程序运行时的输出结果是________。

```
#include<stdio.h>
fun(int x,int y)
```

```
{   static int z=0;
    ++x; ++y; ++z;
    return x+y+z;
}
main()
{   int a=1,b=2;
    printf("%d, ",fun(a,b));
    printf("%d",fun(a,b));
}
```

A. 6,7　　B. 6,8　　C. 7,7　　D. 7,8

27. 下列程序运行时的输出结果为________。

```
#include<stdio.h>
main()
{   int   a=9,b;
    b = a>>3%4;
    printf("%d,%d\n", a, b);
}
```

A. 9,3　　B. 1,1　　C. 4,3　　D. 9,1

28. 设有定义“struct {char mark[12]; int num1; double num2; }t1,t2;”,若变量均已正确赋初值,则下列语句中错误的是________。

A. t1=t2;　　B. t2.num1=t1.num1;

C. t2.mark=t1.mark;　　D. t2.num2=t1.num2;

29. 下列程序运行时的输出结果是________。

```
main()
{   enum weekday{ sun,mon=2,tue,wed,thu,fri,sat}x;
    x=tue;
    printf("%d",x);
}
```

A. tue　　B. 2　　C. 3　　D. 0

30. 函数 rewind(fp)的作用是________。

A. 使文件位置指针移至下一个字符的位置

B. 使文件位置指针指向文件的末尾

C. 使文件位置指针移至前一个字符的位置

D. 使文件位置指针重新返回到文件的开头

全国计算机等级考试C语言模拟试卷参考答案及解析

一、选择题

1.【答案】B

【解析】C语言中main函数是不能被其他函数调用的。

2.【答案】A

【解析】C语言程序是由若干函数构成的,其中必有一个main函数。只有编译通过的C程序才可以运行,通过编译可以发现程序中的一些语法错误。

3.【答案】B

【解析】printf函数的输出项缺省时,输出的是随机数,因此选项A错。C程序中整数可以十进制、八进制或十六进制形式输出,选项C错。由于getchar函数只能读入字符,当输入ASCII码时,系统也是以字符格式读取第一位,并把该数字以字符形式存入内存中。故选项D错。

4.【答案】A

【解析】选项C、D本意是用八进制、十六进制形式表示整型常量,但八进制数中没有数字字符9,十六进制数中没有H。

5.【答案】A

【解析】标识符的命名有三个要求:①只能由数字、字母、下划线三类字符组成;②首字符不能为数字;③不使用系统保留字。C语言中的标识符严格区分大小写,if是关键字,而If并不是关键字,可用作用户自定义的标识符。

6.【答案】A

【解析】sizeof是一个运算符,作用是计算参数(可以是类型名,也可以是表达式)类型在内存中占用的字节数,它返回一个整数。

7.【答案】D

8.【答案】A

【解析】C语言中无乘方运算符,pow(a,x)的功能是求 a^x,log(y)表示求lny,fabs(x)表示求x的绝对值。

9.【答案】B

【解析】x++和y--都被执行,所以x=2,y=1。||左边为1,整个逻辑表达式的值就是1,z被赋值为1,||右边的(z=0)不执行。

10.【答案】B

【解析】a>b?c:d>a?b:c应理解为a>b?c:(d>a?b:c),a>b不成立,y应取(d>a?b:c)的值,即b。

11.【答案】A

【解析】由于 a、b 表示的是两个字符串的首地址,直接比较两个地址,即 if(a==b)结果为 0,而进行 if(*a==*b)则是比较两个字符串中的第一个字符是否相等。

12.【答案】D

【解析】C 语言 exit(0)的作用是退出程序,break 是退出循环,continue 是退出本次循环继续下一次。

13.【答案】D

14.【答案】C

【解析】本题中 c 是二级指针,表达式 c 的值是变量 b 的地址,表达式 *c 的值是变量 b 中的值,即变量 a 的地址,表达式 **c 的值是变量 a 中的值。

15.【答案】D

【解析】该字符串中的五个字符分别是'\n'、'\\'、'n'、'\"'、'0'分别表示串中的 5 个字符,再加上串结束标记'\0'一共有 6 个字符,占 6 个字节。

16.【答案】D

【解析】本题中的两个函数 swap1 和 swap2 功能相同,只是表达不同,都是实现交换 c0 和 c1 所指向空间中的内容。"swap1(a,a+1);"是交换了 a[0]和 a[1]的值,"swap2(&b[0], &b[1]);"交换了 b[0]和 b[1]的值。

17.【答案】B

【解析】形参 x 值的变化不影响实参 x,主函数中 x 的值仍为 1,f 函数中(*y)++使得主函数中 y 的值改为 3,z 接受 f 函数的返回值,即 2+3 为 5,所以选 B。

18.【答案】B

【解析】选项 A 中 s 的初值是一个字符,不是字符串;选项 C 中 s 数组只有两个字节的存储空间,但字符串常量"AB"需要 3 个字节才能存放;选项 D 中的 s 不是数组,是一个字符变量,而字符串"AB"代表它的首地址。

19.【答案】B

【解析】本题的 fun 函数是一个递归函数。只要实参的值大于 1 都得调用 fun 函数。

20.【答案】D

【解析】本题中 k 是一个指向一行含有 3 个元素的数组的指针(即行指针),k 正指向 a 数组首行;变量 p 是一个指向数组元素的指针,p 正指向 a 数组首元素。选项 C 相当于"*k+3",表示元素 a[0][3]的地址,即 &a[1][0]。选项 A 中"(*k+1)[2]"表示的是元素 a[0][3],即 a[1][0],若再进行取内容*运算,语法出错。同样选项 B 中*(p+5)也表示元素,它表示元素 a[0][5],即 a[1][1],无法再作取内容运算。

21.【答案】B

【解析】题中变量 p1、p2 和 p3 均为指针变量,只是所指向的数据类型不同。指针变量是用来存放数据地址的,所以 p1、p2 和 p3 空间大小相同。

22.【答案】B

【解析】变量的存储类别有动态存储和静态存储两种。auto 和 register 属于动态变量,未初始化时值不确定,未初始化的静态变量自动得到初值 0。

23.【答案】D

【解析】本题是将数组 a 中每个字符逐个判断，遇到空格时则将其后的字符存入数组 b 中。

24.【答案】C

【解析】宏展开时仅作简单替换，不进行计算。本例中，f(4+4)宏展开时的表达式为(4+4 * 4+4)，结果为 24。

25.【答案】C

26.【答案】A

【解析】形参 x 和 y 是局部变量，两次调用 fun 时，都分别得到值 1 和 2，z 是静态局部变量，第一次调用 fun 时，z 初值为 0，返回 2+3+1=6，第二次调用 fun 时，z 值为第一次调用结束后留下的值 1，返回 2+3+2=7。

27.【答案】D

【解析】右移(>>)运算符比算术运算(%)的优先级低，先计算 3%4 值为 3，再计算 a>>3，是将 a 的二进制位全部向右移 3 位，右边移出的低位舍弃，左边补 0(无符号数)，结果为 1，所以 b 的值为 1。a 变量的值未改变。

28.【答案】C

【解析】结构变量 t1、t2 中成员 mark 是字符型数组名，如果赋值需要使用 strcpy 函数，选项 C 改为“strcpy(t2. mark，1. mark)；”就可行了。

29.【答案】C

【解析】定义枚举类型时，可以指定枚举常量的值，后面未指定值的常量自动顺序加 1，因此 tue 的值为 3。

30.【答案】D

江苏省计算机等级考试笔试试卷

一、选择题

1. 以下叙述中正确的是________。

A. C语言系统以函数为单位编译源程序

B. main函数必须放在程序开始

C. 用户定义的函数可以被一个或多个函数调用任意多次

D. 在一个函数体内可以定义另外一个函数

2. 以下选项中,不能用作C语言标识符的是________。

A. print　　B. FOR　　C. &a　　D. _00

3. 已知int类型数据在内存中存储长度为两个字节,以下语句中能正确输出整数32768的是________。

A. printf("%d",32768);　　B. printf("%ld",32768);

C. printf("%f",32768);　　D. printf("%c",32768);

4. 已知有声明"int a=3,b=4,c=5;",以下表达式中值为0的是________。

A. a&&b　　B. a<=b　　C. a||b&&c　　D. !(!c||1)

5. 已知有声明"long x,y;"且x中整数的十进制表示有n位数字(4<n<10),若要求去掉整数x十进制表示中的最高位,用剩下的数字组成一个新的整数并保存到y中,则以下表达式中能正确实现这一功能的是________。

A. y=x/(10*(n-1))　　B. y=x%(10*(n-1))

C. y=x%(long)pow(10,n-1)　　D. y=x%(10^(n-1))

6. 已知有声明"int x,y;",若要求编写一段程序实现"当x大于等于0时y取值1,否则y取值-1",则以下程序段中错误的是________。

A. if(x>=0)y=1;else y=-1;　　B. y=x>=0?1:-1;

C.
```
switch()
{  case x>=0: y=1; break;
   default: y=-1;
}
```

D.
```
switch(x-abs(x))
{  case 0: y=1; break;
   default: y=-1;
}
```

7. 已知有声明"int m[]={5,4,3,2,1},i=0;",下列对m数组元素的引用中,错误的是________。

A. m[++i]　　B. m[5]　　C. m[2*2]　　D. m[m[4]]

8. 已知有声明"char s[80];",若需要将键盘输入的一个不含空格的字符串保存到s数组中,则下列语句中正确的是________。

A. scanf("%s",s);　　B. scanf("%s",s[0]);

C. s=gets();　　　　　　　　　　D. s=getchar();

9. 若函数调用时的实参为变量，则以下关于函数形参和实参的叙述中正确的是________。

A. 实参和其对应的形参占用同一存储单元

B. 形参不占用存储单元

C. 同名的实参和形参占用同一存储单元

D. 形参和实参占用不同的存储单元

10. 已知有声明"int i,a[10],*p=a;"，现需要将 1~10 保存到 a[0]~a[9]中，以下程序段中不能实现这一功能的是________。

A. for(i=0;i<10;i++) a[i]=i+1;

B. for(i=0;i<10;i++) p[i]=i+1;

C. i=1;while(p<a+10) *p++=i++;

D. i=1;while(p<a+10) *a++=i++;

二、填空题

- **基本概念**

1. 只能在循环语句的循环体内出现的语句是___(1)___。

2. 已知 f 函数的定义是"int f(double x) {return x+1; }"，若 main 函数中有声明"double y=f(3.7);"，则变量 y 的初值为___(2)___。

3. 数学表达式 $\sqrt{|x|}=\frac{4a}{bc}$ 所对应的 C 语言表达式为___(3)___。

4. 已有声明"char *p= "%s%s";"，执行语句"printf(p+2, "Hi","Mary");"时输出___(4)___。

5. 声明局部变量时若缺省存储类别，该变量的存储类别是___(5)___。

- **阅读程序**

6. 以下程序运行时输出到屏幕的结果是___(6)___。

```
#include <stdio.h>
void main()
{   FILE *fp;
    int k,n,a[6]={1,2,3,4,5,6};
    fp=fopen("d2.dat","w");
    fprintf(fp,"%d%d%d\n",a[0],a[1],a[2]);
    fprintf(fp,"%d%d%d\n",a[3],a[4],a[5]);
    fclose(fp);
    fp=fopen("d2.dat","r");
    fscanf(fp,"%d%d",&k,&n);
    printf("%d,%d\n",k,n);
    fclose(fp);
}
```

7. 以下程序运行时输出到屏幕的结果是__(7)__。

```
#include<stdio.h>
void main()
{   int i=1,m=0;
    switch(i)
    {   case 1:
        case 2: m++;
        case 3: m++;
    }
    printf("%d",m);
}
```

8. 以下程序运行时输出到屏幕的结果中第一行是__(8)__，第二行是__(9)__。

```
#include <stdio.h>
void fun(int a[],int b[],int *x)
{   int i,j=0;
    for(i=0;a[i];i++)
    {   if(i%2==0)continue ;
        if(a[i]>10)
            b[j++]=a[i];
    }
    *x=j;
}
void main()
{   int a[10]={3,15,32,23,11,4,5,9},b[10];
    int i=0,x=0;
    fun(a,b,&x) ;
    for(i=0;i<x;i++)
        printf("%d\t",b[i]);
    printf("\n%d",x);
}
```

9. 以下程序运行时输出到屏幕的结果是__(10)__。

```
#include <stdio.h>
int fun(int *x,int n)
{   if(n==0) return x[0];
    else return x[0]+fun(x+1,n-1);
}
void main()
{   int a[]={1,2,3,4,5,6,7};
    printf("%d\n",fun(a,2));
}
```

10. 以下程序运行时输出到屏幕的结果是__(11)__。

```
#include <stdio.h>
long f(int n)
{   static long s;
    if(n==1)return s=2;
```

```
    else   return ++s;
}
void main()
{   long i,sum=0;
    for(i=1;i<4;i++) sum+=f(i);
    printf("%ld",sum);
}
```

11. 以下程序运行时输出到屏幕的结果中第一行是 (12) ,第二行是 (13) 。

```
#include <stdio.h>
#define f(x,y) y=x*x
void g(int x,int y)
{   y=x*x; }
void main()
{   int a=2,b=0,c=2,d=0;
    f(a,b);
    g(c,d);
    printf("%d\n%d",b,d);
}
```

12. 以下程序运行时输出到屏幕的结果中第一行是 (14) ,第三行是 (15) 。

```
#include <stdio.h>
void main()
{   int a[3][3]={{3,8,12},{4,7,10},{2,5,11}}, i,j,k,t;
    for(j=0;j<3;j++)
        for(k=0;k<2;k++)
          for(i=0;i<2-k;i++)
            if(a[i][j]>a[i+1][j])
                t=a[i][j],a[i][j]=a[i+1][j],a[i+1][j]=t;
    for(i=0;i<3;i++)
    {   for(j=0;j<3;j++)
            printf("%3d",a[i][j]);
        printf("\n");
    }
}
```

13. 以下程序运行时输出到屏幕的结果是 (16) 。

```
#include <stdio.h>
#include <string.h>
void main()
{   int i=0,n=0;char s[80], *p;
    strcpy(s,"It is a book.");
    for(p=s; *p!='\0';p++)
        if(*p==32)
          i=0;
        else
          if(i==0)
          {   n++; i=1; }
    printf("%d\n",n);
}
```

14. 以下程序运行时输出到屏幕的结果第一行是___(17)___,第二行是___(18)___。

```
#include <stdio.h>
typedef struct fact
{   int m,z;
}FACT;
FACT fun1(FACT t1,FACT t2)
{   FACT t3;
    t3.m=t1.m*t2.m;
    t3.z=t1.z*t2.m+t2.z*t1.m;
    return t3;
}
FACT fun2(FACT t)
{   int m,n,k;
    m=t.m;
    n=t.z;
    while(k=m%n)
    {   m=n; n=k; }
    t. m=t.m/n;
    t. z=t.z/n ;
    return t;
}
void main()
{   FACT s,s1={8,4},s2={6,5} ;
    s=fun1(s1,s2);
    printf("%d, %d\n",s.z,s.m);
    s=fun2(s);
    printf("%d, %d",s.z,s.m);
}
```

- **完善程序**

15. 以下程序求方程的一个近似根。root 函数采用二分法计算并返回方程 f(x)=0 在[a,b]内的一个近似根,main 函数调用 root 函数求方程 cos(x)=0 在[0,3.14]内的一个近似根。试完善程序以达到要求的功能。

```
#include<stdio.h>
#include<math.h>
double root(double a,double b,double (*f)(double))
{   double x,y;
    if(___(19)___)
      {   printf(" There is no root between %f and %f",a,b);
          return 0;
      }
    do
     {   x=___(20)___;
         y=f(x);
         if(fabs(y)<1e-6||fabs(b-a)<1e-6)break;
         if(___(21)___<0 ) b=x;
         else a=x;
     }while(1);
```

```
    return x;
}
void main()
{   printf("\n x=%f",root(0,3.14, (22) ));
}
```

16. 以下程序在 3～50 范围内验证：大于等于 3 的两个相邻素数的平方之间至少有 4 个素数。例如，3 和 5 是相邻素数，3^2～5^2 之间有素数 11、13、17、19、23。试完善程序以达到要求的功能。

```
#include<stdio.h>
#include <stdlib.h>
#include<math.h>
int prime(int n)
{ int i;
  for(i=2;i<=sqrt(n);i++)
    if( (23) )return 0;
  return 1;
}
void main()
{   int i,j,k=0,m,n,c,a[30]={0};
    for(i=3;i<50;i++)
       if(prime(i)) (24) ;
    for(i=0;i<k-1;i++)
    {  m=a[i] * a[i];
       n=a[i+1] * a[i+1];
       c= (25) ;
       for(j=m+1;j<n;j++)
          if( (26) ) c++;
       if(c>=4)
          printf("\n %d * %d-%d * %d: %d",a[i],a[i],a[i+1],a[i+1],c);
       else { printf("Error"); exit(0);}
    }
}
```

17. fun 函数的功能是删除 s 指向的链表中满足以下条件的结点：该结点的编号值是奇数且存放的字母 ASCII 编码值也为奇数(提示：a 的 ASCII 编码是 97)；将删除的结点添加到 t 所指向的链表尾部。试完善 fun 函数以达到要求的功能。

例如，若删除前的 s 链表为：

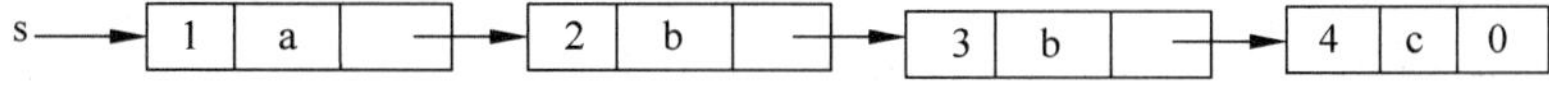

则删除后的 s 链表为：

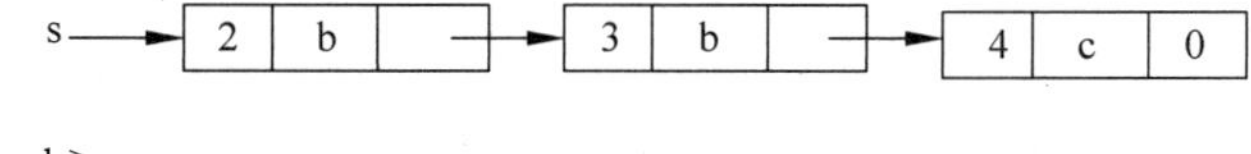


```
#include <stdio.h>
struct node
{   int i;                    /* 存放结点的编号 */
    char c;                   /* 存放一个字母的 ASCII 编码 */
```

```
    struct node * next;
};
struct node * t=NULL;
struct node * fun(struct node * s)
{   struct node * p, * q; struct node * r;
    p=q=s;
    while(p!=NULL)
     {  if(((p->i)%2)&&((p->c)%2))
         {  if(s==p)
               s=q= ___(27)___;
            else
              { ___(28)___;
                q=p->next;
              }
             if(t==NULL)
                 t=r=p;
             else
             {  r->next=p; r=r->next; }
         }
          p= ___(29)___;
      }
   if(t!=NULL)
       ___(30)___;
   return s;
}
```

江苏省计算机等级考试笔试试卷参考答案及解析

一、选择题

1.【答案】C

【解析】本题考核的知识点是源程序的格式、编译、main 函数及其他函数的基本概念。一个应用问题的算法如果用 C 语言实现，其源代码可以分成若干个模块分别存储在不同的源文件中，C 编译系统分别对这些源文件进行预处理、编译、汇编过程以形成可重定位的目标程序，然后使用链接器将这些可重定位的目标文件和必要的库文件链接成一个可执行的目标文件。在一个源文件中，所有的函数都是平行的，即函数可以嵌套调用，但不可以嵌套定义，一个函数也可以被一个或多个函数调用任意多次。main 函数未必一定放在程序的开始，但程序的执行总是从 main 函数开始，在 main 函数中结束。

2.【答案】C

【解析】本题考核的知识点是标识符的基本概念。C 语言规定标识符只能由字母、数字和下划线三种字符组成，且第一个字符必须是字母或下划线。同时，C 编译系统区分标识符中的大小写字母，如：for 和 FOR 是两个不同的标识符，前者是 C 语言的关键字，而后者可用作用户自定义标识符。

3.【答案】B

【解析】本题考核的知识点是基本算术类型数据的表示及使用、溢出、数据类型转换等基本概念。当一个待输出数据的类型与输出格式不一致时，C 编译系统将对其作输出转换。待输出的整数 32768 已超出了 int 型数据所能表示的范围[－32768，32767]和 char 型数据所能表示的范围[0，127]，故用格式控制"%d"和"%c"无法正确输出整数 32768，排除选项 A 和 D；如果用"%f"控制输出整数 32768，系统会将其自动转换为实数进行输出，故排除选项 C。

4.【答案】D

【解析】本题考核的知识点关系运算符、逻辑运算符及其表达式的求值。关系运算与逻辑运算的求值结果为 0 或 1，在 C 语言中，当一个表达式用作条件时，如果表达式的值为非零，则该表达式为真，为零时则为假。

5.【答案】C

【解析】本题考核的知识点是算术运算符、赋值运算符及其表达式的表示与使用、强制类型转换等基本概念。pow 是一个基本的数学函数，pow(10，n－1)的值即为 10^{n-1}，但该函数的返回值类型是 double 型，故需对其进行强制类型转换后再做%运算，%运算符两边操作数的类型必须均为整型数，C 语言中没有 D 选项中所描述的运算符“^”。

6.【答案】C

【解析】本题考核的知识点是选择结构在C语言中的实现、switch语句的语法结构。switch语句中，case后必须是一个常量表达式，case连同这个常量表达式只是一个特殊的语句标号。故选项C错。

7.【答案】B

【解析】本题考核的知识点是一维数组的声明、初始化及数组元素的引用。当声明一个一维数组隐含定义其长度时，其长度即为初始化该数组时所给出的数据的个数。在C语言中，当声明一个一维数组时设定其长度为N，则能正确引用该数组元素的下标i为0≤i≤N－1。此题中，m数组的长度为5，故选项B错。

8.【答案】A

【解析】本题考核的知识点是标准设备输入函数的使用、赋值运算符的左值要求等基本概念。此题中，s为数组名，表示数组的首地址，是常量，不能出现在赋值号的左边，故排除C和D；由于scanf函数中的输入项必须是地址表列，而s[0]表示的是数组s中的一个元素，故排除B。

9.【答案】D

【解析】本题考核的知识点是函数调用时实参和形参的结合及其作用域等基本概念。函数的形参只有在该函数被调用时才分配内存单元，在调用结束时，立即释放所分配的内存单元，因此，形参只有在函数内部有效，函数调用结束返回主调函数后则不能再使用该形参变量。函数的实参和其对应的形参即使同名也不占同一存储单元。

10.【答案】D

【解析】本题考核的知识点是用指针变量指向一维数组后数组元素的基本引用方法、循环、自加等基本概念。当指针变量p指向长度为10的一维数组a首元素后，a数组中下标为i(0≤i＜10)的元素的访问形式有：a[i]、p[i]、*(a＋i)、*(p＋i)，同时，由于p是指针变量，在访问数组元素的过程中可以移动(如*p＋＋表示先取p所指向元素的值，再使p指向后一个元素)，而a是数组名，代表数组a的首地址，是常量，不能做a＋＋运算。

二、填空题

1.【答案】(1)continue

【解析】本题考核的知识点是C语言语句的基本作用，在循环结构中能使用转移语句break、continue及return。其中break既可以用在循环体内，还可以用在switch结构中；return语句没有限制；continue语句只能用在循环体中。

2.【答案】(2)4.0

【解析】本题考核的知识点是函数调用、函数类型、返回值及自动类型转换。在函数调用时，如果函数类型与函数返回值的类型不一致时，以函数类型为准。因此f函数的返回值是整型。但是返回的整型值还得赋给double型变量y，此时，系统会自动将其转为double型。

3.【答案】(3)sqrt(fabs(x))＝＝4*a/(b*c)或sqrt(fabs(x))＝＝4*a/b/c

【解析】本题考核的知识点是用C语言表达式正确地表示数学公式和基本数学库函数

的使用。其中,sqrt表示开根号函数,而fabs表示求实数的绝对值。

4.【答案】(4)Hi

【解析】本题考核的知识点是字符型指针变量指向字符串的使用及格式输出函数printf的使用。在C语言中,可以将一个字符串常量直接赋给一个字符型指针变量使其指向该字符串常量。此题中用字符型指针变量p指向字符串"%s%s",因而语句"printf(p+2,"Hi","Mary");"与语句"printf("%s","Hi","Mary");"等价。由于格式控制符只有一个,却有两个输出项,则第二个忽略。

5.【答案】(5)auto

【解析】本题考核的知识点是变量声明的基本方法。在C语言中,变量声明的基本方法是:

[存储类别]类型名　变量名表;

数据类型往往决定了变量所占内存的大小,存储类型则影响着对应内存的使用方式。所谓使用方式,具体地说就是在什么时间、程序的什么地方可以使用变量,即变量的生命周期和作用域。在程序运行时内存中有三个区域可以保存变量:静态存储区、栈(stack)和堆(heap)。根据变量定义的位置可分为全局变量(定义在函数体外的变量)和局部变量(定义在函数体内的变量,包括形参)。所有的全局变量和静态局部变量(定义时使用关键字static)都保存在静态存储区,其特点是:在编译时分配内存空间并进行初始化。在程序运行期间,变量一直存在,直到程序结束,变量对应的内存空间才被释放。而所有的非静态局部变量(又称为自动变量)保存在栈(stack)中,其特点是:在变量所在的函数或模块被执行时动态创建,函数或模块执行完时,变量对应的内存空间被释放。换句话说,函数或模块每被执行一次,局部变量就会重新被分配空间。如果变量定义时没有初始化,那么变量中的值是随机数。C语言规定,当定义变量缺省存储类别时,该变量的存储类型默认为auto,即把这些变量保存在栈中。

6.【答案】(6)123,456

【解析】本题考核的知识点是基本文件操作。程序中用到了缓冲文件系统中常用的函数:fopen、fprintf、fscanf、fclose。程序中声明了一个长度为6的数组a并将其初始化,然后以写文本文件的方式打开数据文件d2.dat,两条fprintf函数调用语句将a数组中6个元素的值依次输出到d2.dat中,形式为123↙456,关闭文件d2.dat后再次以读文本文件的方式打开它,接着以fscanf函数调用语句依次读取文件中的两个数据123和456分别赋给变量k和n。

7.【答案】(7)2

【解析】本题考核的知识点是switch语句的语法结构。做这类题目时需要密切注意switch语句在执行过程中究竟执行了哪几条语句。此题中,由于i的值为1,所以在switch结构中,程序从case 1后面的语句(本题为空)开始执行,又因为case 1后没有以break语句结束,所以程序要继续往下执行case后面的语句;同样地,case 2后面也没有以break语句结束,所以程序继续往下执行case 3后面的语句。所以程序中的switch语句在执行过程中共执行了"m++; m++;"两条语句。由于m的初值为0,故程序的执行结果为2。

8.【答案】(8)15　(9)23

【解析】本题考核的知识点是枚举找数、函数的形参与实参、函数调用时实参与形参的结合等基本概念。main 函数中声明了长度为 10 的一维数组 a 和 b,并用 8 个非零整数初始化 a 数组,不足的部分编译系统会自动补 0,即 a[8]=0,a[9]=0,用 a,b 和 &x 作为实在参数调用函数 fun。在 fun 函数中,循环语句 for 枚举了 a 指向数组中的所有元素,直到 a[i]为 0,循环体中通过条件"i%2==0"和"a[i]>10"依次将下标为奇数且元素值大于 10 的所有元素存储到 b 数组中,故 b 指向的数组中的元素依次为 15,23,fun 函数中的局部变量 j 记录了存储到 b 数组中数的个数,再通过语句"*x=j;"(该语句中,x 是 fun 函数的形参指针变量)去改变 main 函数中 x 变量的值,最后在 main 函数中输出 x 个 b 数组中的元素。

需要注意的是,函数的参数不仅可以是整型、实型、字符型数据,还可以是指针类型。它们的作用是将一个变量的地址或数组名(数组名代表数组的起始地址)传递到另一个函数中。如果形参所指向的数组中的各元素值发生变化,实参数组元素的值也随之发生了变化。同理,如果将一个实参变量的地址传递给了形参指针变量,则通过形参指针变量可以修改实参变量的值。

9.【答案】(10)6

【解析】本题考核的知识点是递归法来实现数组中前 n 个元素的累加。main 函数中声明了一维数组 a 并对其进行初始化,用 a 和 2 作为实参调用 fun 函数,在 fun 函数的函数体内又调用了 fun 函数,显然这是一个递归问题。第一次由 main 函数调用 fun 函数时,n 的值为 2,形参指针变量指向 a[0]元素,由于 n 不等于 0,故执行 fun 函数中的 else 子句,需计算表达式(1)"x[0]+fun(x+1,1)"(此时的 x[0]值为 a[0]),从而第 1 次递归调用 fun 函数,将 x+1(即 &a[1])传递给形参指针变量 x,由于这次调用中形参 n 接收到的值为 1,故执行函数体中的 else 子句,需计算表达式(2)"x[0]+fun(x+1,0)"(此时的 x[0]值为 a[1]),从而第 2 次递归调用 fun 函数,将 x+1(即 &a[2])传递给形参指针变量 x,由于这次调用中形参 n 接收到的值为 0,故执行 if 子句,返回值 x[0](即 a[2]),计算表达式(2),表达式(2)的值即为 a[1]+a[2]。函数返回计算表达式(1),得结果 a[0]+a[1]+a[2]。本题执行时的递归过程示意如图 4.1 所示。

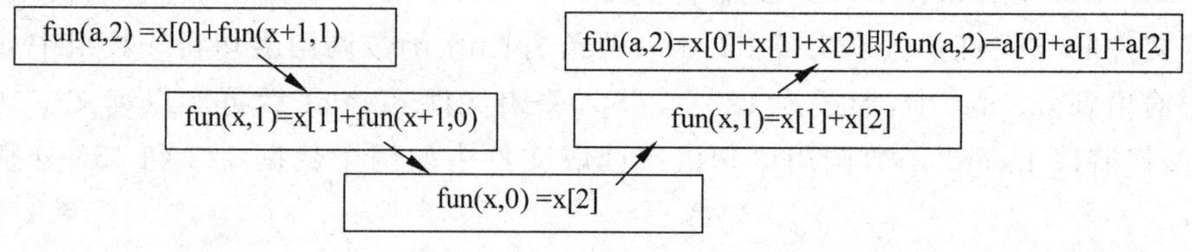

图 4.1　题 9 的递归调用过程示意图

10.【答案】(11)9

【解析】本题考核的知识点是变量的作用域。函数 f 中用 static 声明了一个静态局部变量 s,静态局部变量保存在静态存储区,其特点是:在编译时分配内存空间并进行初始化,如果缺省初始化值其值为 0。在程序运行期间,变量一直存在,直到程序结束,变量对应的内存空间才被释放。main 函数中通过循环 3 次调用 f(i)函数,并将每次调用的结果值累加到 sum 变量中,这 3 次调用过程开始时静态部变量 s 的值分别是 0,2,3,而 f 函数的 3 次返回值依次是2,3,4,故输出的结果为9。

11.【答案】(12)4 (13)0

【解析】本题考核的知识点是带参数宏的定义及其应用。需要注意的是带参的宏和带参函数很相似,但有本质上的不同。在带参宏定义中,形式参数不分配内存单元,因此不必作类型定义,这是与函数中的情况不同的。在函数中,形参和实参是两个不同的量,各有自己的作用域,调用时要把实参值赋予形参,进行"值传递"。而在带参宏中,只是符号代换,不存在值传递的问题。本题main函数中,语句"f(a,b);"经宏展开后实为b=a*a,展开时仅用a,b分别去替换宏定义中的x,y;而语句"g(c,d);"是函数调用语句,调用g函数时用实在参数a,b的值分别传递给形参x,y,由于传递的是值,故main函数中的内部变量d的值不会改变。

12.【答案】(14)2 5 10 (15)4 8 12

【解析】本题考核的知识点是矩阵运算及排序算法等概念。main函数中,三重嵌套循环语句的最外层循环"for(j=0;j<3;j++)"枚举了被排序的列数,这能从这个三重循环最内层if语句中的a[i][j]及a[i+1][j]看出;三重循环的第二层"for(k=0;k<2;k++)"和第三层"for(i=0;i<2-k;i++)"描述了一个冒泡排序算法,其中第二层表示冒泡排序的趟数,第三层表示每一趟中需要比较的次数。所以该程序描述的算法为:在一个3×3的矩阵上对每一列分别用冒泡排序算法进行从小到大排序。

13.【答案】(16)4

【解析】本题考核的知识点是字符串处理及文本中统计单词的算法。main函数中,声明了一个足够长的数组并用字符串处理函数strcpy将一字符串常量赋予它。为了表示新单词的开始,设变量i作为前一字符的状态标志:若i=0表示前一个字符是空格;若i=1表示前一个字符是非空格。变量n表示单词个数,如果当前字符为非空格且前一个字符为空格(首字符的前一个字符默认为是空格,故i的初值为0),则表示一个新单词的开始,单词个数n要增加1。通过"for(p=s;*p!='\0';p++)"循环遍历了整个字符串,在遍历过程中,判断当前字符*p是否为空格,n增加1的条件可描述为:当前字符*p是非空格且i=0。

14.【答案】(17)64,48 (18)4,3

【解析】本题考核的知识点是结构类型的定义、结构对象的声明及结构对象作为函数的参数等基本概念。程序中首先声明了结构类型FACT,两个成员依次为m和z,均为int型。main函数中声明了三个FACT变量s、s1、s2,用s1和s2作为实参调用fun1函数并使s接收fun1的返回值t3(t3.m=48, t3.z=64),需要注意的是,main函数中第一次调用printf的语句为"printf("%d,%d\n",s.z,s.m);",即先输出的是z成员的值。接着main函数中用s作为实参调用函数fun2,并使s接收fun2的返回值。fun2函数中,循环语句"while(k=m%n){ m=n; n=k; }"是辗转相除法求m和n的最大公约数,m和n的初值分别为通过实参s传递给形参变量t的两个成员值48和64,得最大公约数16,计算得t.m=3,t.n=4,返回t的值并由s接收,输出s的两个成员值,同样需要注意先输出z成员的值。

15.【答案】(19)f(a)*f(b)>0 (20)(a+b)/2 (21)y*f(a)或f(x)*f(a) (22)cos

【解析】本题是一个数值计算程序,采用二分法来求某一范围内方程的近似根。程序中,root函数所描述的是用二分法求(a,b)内的近似根。二分法依据的是连续函数y=f(x)在a和b两点满足f(a)×f(b)<0,则必有一根在(a,b)内(如图4.2所示)。故用二分法求

方程近似根的算法为：

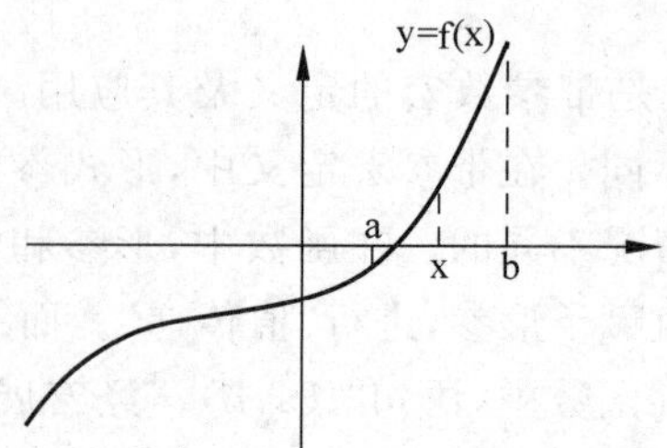

图 4.2　二分法求方程近似根示例

(1) 根据a和b,判断f(a)和f(b)是否同号,若是输出(a,b)内没有实根的信息,结束,否则执行第(2)步。故(19)空应该填 f(a) * f(b)>0;

(2) (a+b)/2→x,故(20)空应该填(a+b)/2;

(3) 当|f(x)|<ε 或|b−a|<ε 结束循环(此时 x 即为方程的近似根),否则重复执行以下操作:

① 如果 f(a)和 f(x)异号,则根在[a,x]中,x→b,否则根在[x,b]中,x→a,故(21)空应该填 y * f(a)或 f(x) * f(a);

② 转第(2)步;

(4) 函数返回近似根 x。

由于 root 函数的第 3 个形参是一个指向函数的指针变量,需要获得函数名(函数名代表该函数的入口地址),故在 main 函数中,用 0、3.14 和 cos 作为实参调用函数 root,(22)空应该填 cos。

16.【答案】(23)n%i==0 或!(n%i)

(24)a[k++]=i 或 a[k]=i,k++或 a[k]=i,++k

(25)0　(26) prime(j)或 prime(j)==1 或 prime(j)!=0

【解析】本题是一个验证程序,验证的定理如题所述。程序中,函数 prime 的功能是判断数 n 是否是素数。判断 n 是否是素数的方法是列举[2,sqrt(n)]内的整数 i,如果 n 能被其中的某一 i 除尽,则 n 不是素数(函数返回值 0),否则 n 为素数(函数返回值 1),故(23)空应该填 n%i==0 或!(n%i)。main 函数中,第一个循环 for(i=3;i<50;i++)所完成的功能是将[3,50]内的所有素数依次存入 a 数组,故(24)空应该填 a[k++]=i 或 a[k]=i,k++或 a[k]=i,++k。第二个循环 for(i=0;i<k−1;i++)要完成的功能是验证两个相邻素数的平方之间至少存在 4 个素数,在该循环体内,用 m 和 n 表示两个相邻素数的平方,c 用于统计 m 和 n 之间的素数个数,故(25)空应该填 0。内循环 for(j=m+1;j<n;j++)枚举了(m,n)内的所有整数,显然统计量 c 加 1 的条件为 j 是素数,故(26)空应该填 prime(j)或 prime(j)==1 或 prime(j)!=0。

17.【答案】(27)p−>next　(28)q−>next=p−>next　(29)p−>next

(30)r−>next=NULL

【解析】本题是一个链表处理程序,所要实现的功能如题所述。函数 fun 中,语句 while (p!=NULL){…}通过指针变量 p 遍历 s 链表,在遍历过程中,q 始终指向 p 的前一个结点。对每一个 p 指向的结点,如果满足条件((p−>i)%2)&&((p−>c)%2),则要删除 p

结点，并把p结点插入t链中。语句if(s==p){…}表示如果被删结点p为s链的首结点，则只要使s和q指向p的后继结点即可从s链中将p结点删除，故(27)空应该填p－＞next；否则使p结点的前一结点q指向p的后继，故(28)空应该填q－＞next=p－＞next；如果当前结点p不满足条件((p－＞i)%2)&&((p－＞c)%2)，则移动q和p指针，故(29)空应该填p－＞next。函数fun中的语句if(t!=NULL){…}表示如果链表中的所有结点均已被处理并且被删除结点的个数不为0(即t链不为空)，则应使t链的最后一个结点能正确表示t链的尾结点，故(30)空应该填r－＞next=NULL。

附录 A　Win-TC 使用方法简介

Win-TC 是一个基于 Windows 平台的功能丰富且操作简便的集成开发环境(Integrated Development Environment,IDE),由“TC256 专题站”(http://tc256. cn. st)与“唯 C 世界”(http://www. vcok. com)联合发布。该软件使用 TC2 为内核,提供 Windows 平台的开发界面,因此也就支持 Windows 平台下的功能。程序员可以在这个集成环境中进行程序的编辑、编译、链接、调试和运行。这个环境既支持鼠标操作,也支持键盘操作;使用了对话框,使用户能方便地进行各项选择和设定;提供了强大的调试功能;此外,帮助(Help)系统的功能也非常丰富。它的第一个版本于 2002 年 12 月推出,以后又不断推出新的版本,目前使用较多的是 Win-TC 3.0。

A.1　集成开发环境 Win-TC 的使用

安装 Win-TC 后,可以用以下步骤进入 Win-TC 集成开发环境:

(1) 单击 Windows 桌面左下方的“开始”按钮;

(2) 在弹出的菜单中选择“程序”;

(3) 在“程序”的子菜单中选择“Win-TC”;

(4) 单击其子菜单中的 Win-TC 项,如图 A.1 所示。

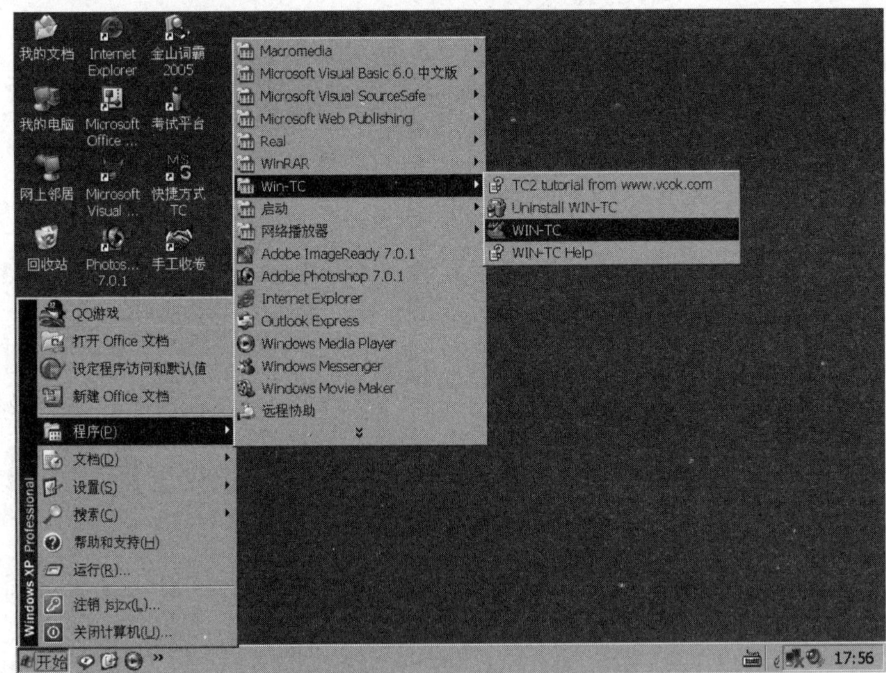

图 A.1　启动 Win-TC 集成开发环境

此时屏幕上出现了如图 A.2 所示的 Win-TC 集成开发环境(即 IDE)。如果安装 Win-TC 系统后，桌面上有 Win-TC 的快捷图标，也可以双击它直接进入 Win-TC 集成开发环境。

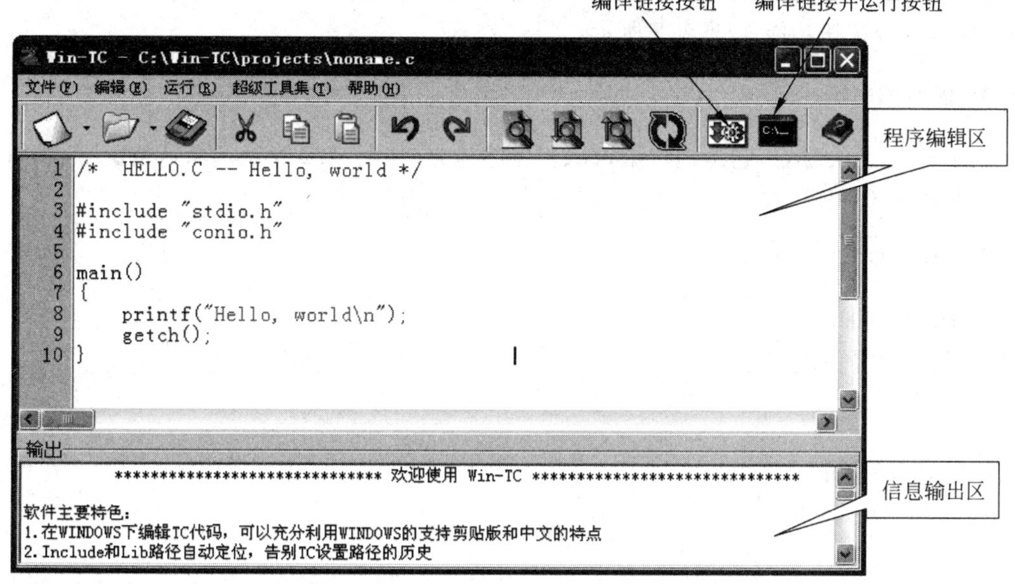

图 A.2 Win-TC 集成开发环境

注意：不要把 Win-TC 安装在根目录下或含有中文字符的目录下，安装目录也不宜太深。

A.1.1 集成开发环境 Win-TC 简介

从图 A.2 可以看到集成开发环境(IDE)除了标题以外，由以下 4 部分组成。

1. 菜单条

菜单条位于窗口的顶部，包含以下主菜单项：文件(F)、编辑(E)、运行(R)、超级工具集(T)、帮助(H)。每个主菜单都有其下拉菜单。部分下拉菜单如图 A.3 所示。

(a) "文件"下拉菜单　　(b) "编辑"下拉菜单

图 A.3 Win-TC 下拉菜单示意

2. 工具栏

它的位置在主菜单条的下面。用户只需单击这些按钮，即可实现某种操作，而不必通过菜单进行，部分按钮功能如图 A.2 所示。

3. 程序编辑区

在 IDE 的中央位置，它是用户编辑源程序的地方，如图 A.2 所示。默认情况下，编辑区有一个简单的 C 程序，如：

```
/* HELLO.C -- Hello, world */

#include "stdio.h"
#include "conio.h"

main()
{
    printf("Hello, world\n");
    getch();
}
```

注意：Win-TC 集成开发环境具有自动进行行标计数的功能，方便用户查找和修改程序，但用户输入程序时不需要输入行号。

4. 信息输出区

在 IDE 的底部。它的作用是向用户提示当前工作状态和出错信息。

A.1.2 运行 C 程序的一般过程

1. 设置属性

在程序上机调试之前，还应当进行一些属性的设置，以方便用户对程序的编辑和运行。例如，“编辑”菜单中“编辑配置”属性的设置。

“编辑配置”对话框如图 A.4 所示，是采用多页的方式显示的。在“编辑主设置”页中用户可以修改工作目录，例如，把系统默认的“C:\Win-TC\projects”修改为“D:\C 实验”，Win-TC 打开与保存文件时，系统默认的位置为该目录，方便用户对 C 源程序代码管理。在“颜色和字体设置”页中用户可以修改字体大小，把系统默认字体大小“10”修改为“15”，字体设置决定了整个编辑区（包括行标记数部分）使用何种字体大小。如果觉得在 1024×768 的显示模式下编辑区字体太小，可以使用该设置调整到自己合适的字体大小。

2. 编辑一个新文件

如果要输入和编辑一个新的程序，可以用以下 3 种方法之一：

(1) 如果是刚刚进入 Win-TC，系统会自动打开 C:\Win-TC\projects 目录下的 noname.c 默认文档。用户可以在此窗口中输入和编辑一个 C 源程序。

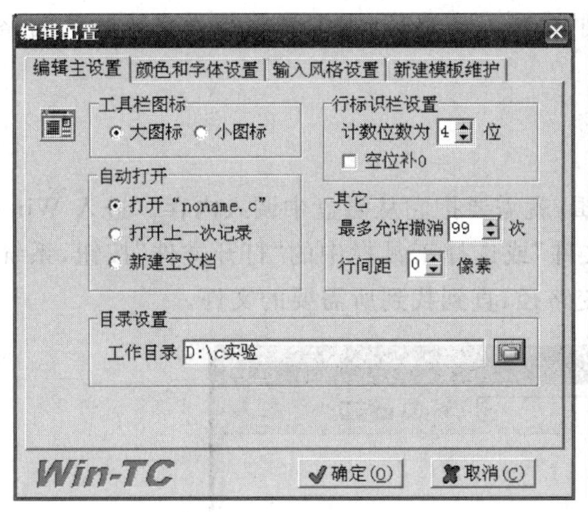

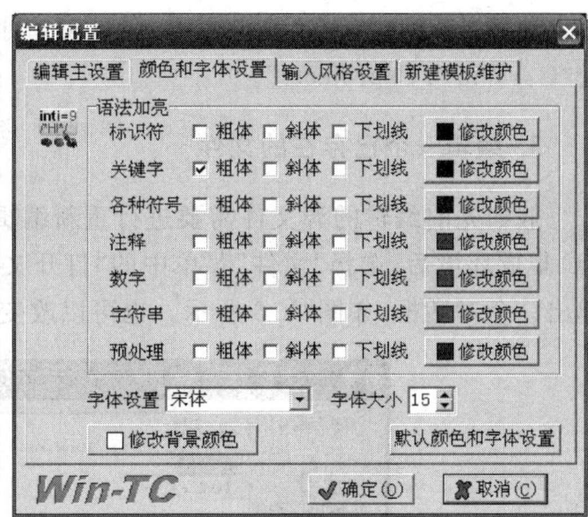

图 A.4 “编辑配置”对话框

(2) 选“文件”菜单，然后选择“新建文件”，编辑窗口就被清空，光标定位在左上角(第 1 行、第 1 列)。此时，用户可以输入和编辑 C 源程序。

(3) 选“文件”菜单，然后选择“使用模板新建”，再选择“标准文档模板”，在此模板中输入和编辑 C 源程序。

输入程序后应对程序作认真检查，并改正已发现的错误。运行程序前应及时将源程序保存起来，以防止程序运行发生重大错误时前一阶段的编辑工作前功尽弃。可以选择工具栏中的“保存文件”按钮或选择“文件”菜单中的“文件另存为”来实现文件的保存。当选择“保存文件”且文件是第一次被保存或选择“文件另存为”保存文件时，系统会弹出一个对话框，要求用户指定文件名及其他相关信息，如附录图 A.5 所示。

图 A.5 “另存为”对话框

从图 A.5 中可以看到：用户在保存文件时设定的文件名为“ex3.c”，工作路径为“c 实验”。

注意：若用户未在“编辑配置”属性窗口中设置工作路径，则工作路径为系统默认的路径“C:\Win-TC\projects”。

3. 编辑一个已存在的文件

假如先前编辑的源文件需要进行重新编辑，就需要把它从磁盘中调入内存。进入 Win-TC 集成环境后，选择“文件”菜单中的“打开文件”或选择工具栏中的“打开文件”按钮，系统弹出一个对话框，如图 A.6 所示。也可以改变路径，直到找到所需要的文件。

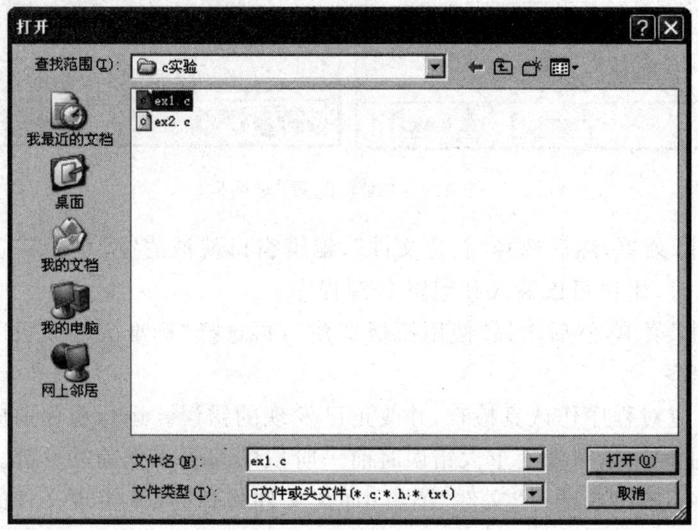

图 A.6 “打开”对话框

单击“打开”按钮，就出现了装有 ex1.c 程序内容的编辑窗口。如图 A.7 所示。

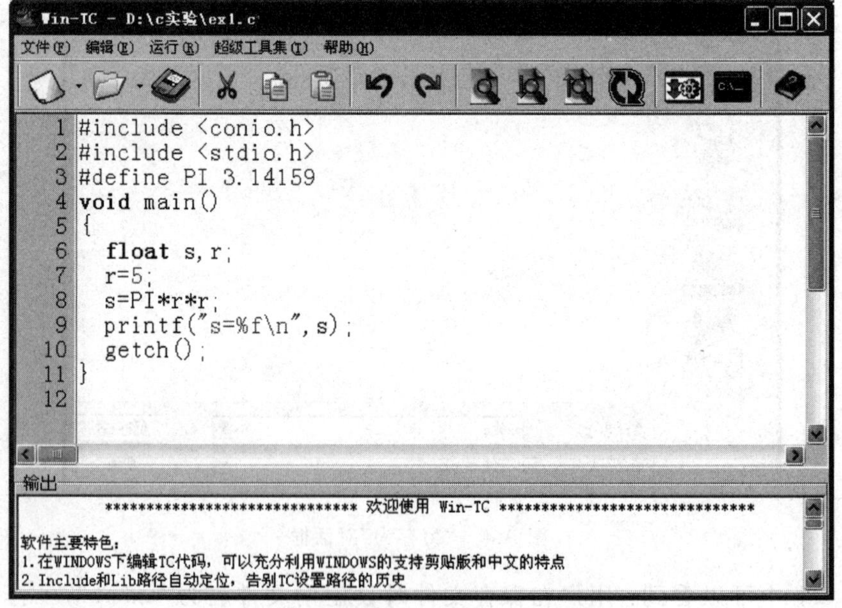

图 A.7 包含 ex1.c 程序内容的编辑窗口

4. 编译、链接和运行

程序编辑好后，就可以进行编译和链接。

1) 程序的编译和链接。

用以下几种方法都可以对程序进行编译和链接。

(1) 单击工具栏中"编译链接"按钮(如图 A.2 所示)。

(2) 选择"运行"菜单中的"编译链接"子菜单。

(3) 用键盘命令 Ctrl+F9 键。

如果编译成功，会出现如图 A.8 所示的编译信息。

图 A.8 编译成功对话框

2) 程序的运行。

程序在编译成功后，才能进行运行操作。选择"运行"菜单中的"编译链接并运行"子菜单，编译成功后，单击"确定"按钮，出现图 A.9 运行结果窗口。

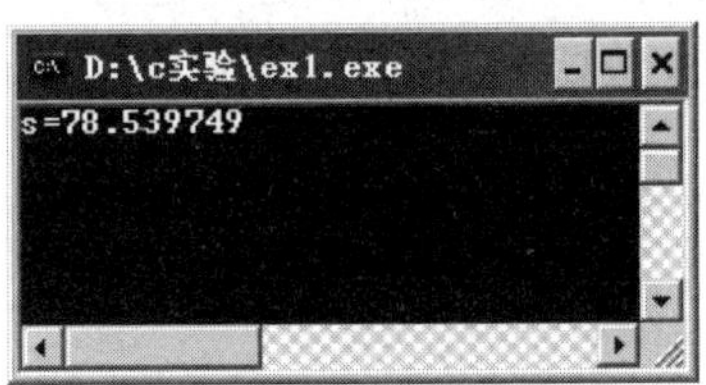

图 A.9 运行结果窗口

3) 一次完成编译、链接和运行。

可以用下面的任一种方法运行程序。

(1) 选择"运行"菜单中的"编译链接并运行"子菜单。

(2) 按 Ctrl+F9 键。

(3) 单击工具栏中"编译链接并运行"按钮(如图 A.2 所示)。

在运行之前，会自动进行编译和链接。如果程序没有问题，就会出现编译成功对话框，单击"确定"按钮，将再弹出运行结果窗口；如果编译和链接出错，就会中断，不运行。

4) 出错信息。

如果在编译和链接过程中出现错误，就会在信息输出区显示出错信息，如图 A.10 所示。

如果将 ex1.c 程序的第 6 行"float s,r;"改为"float r;"，即不声明变量 s，对程序进行编译，系统显示编译中有 1 个错误。

图 A.10 的程序编辑区中程序第 8 行被蓝色条覆盖，表示程序有错。在窗口下部的信息输出区域告诉用户：ex1.c 程序第 8 行有错，错误的性质是没有定义符号"s"。这只是系

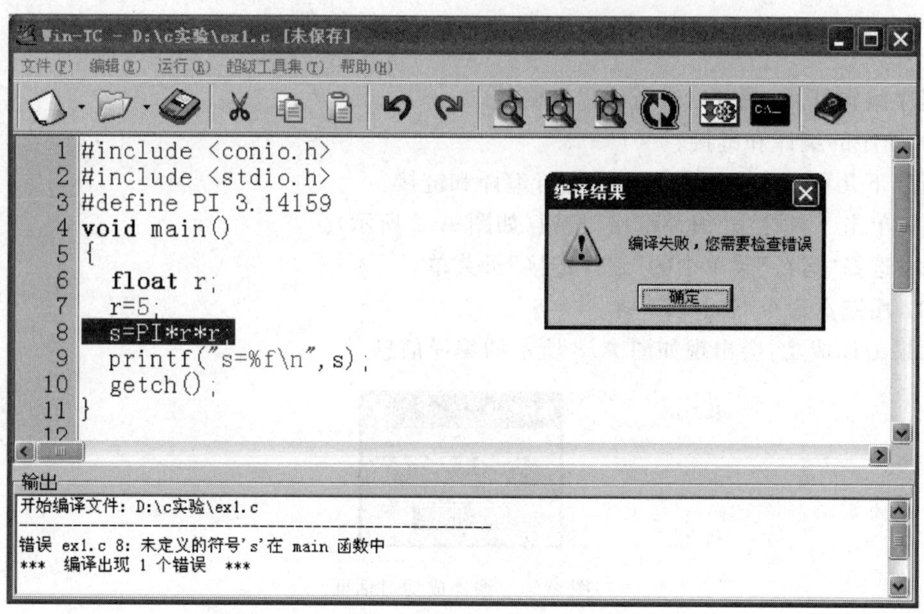

图 A.10 程序编译后的窗口

统的一种提示，用户应根据程序的上下文来判定出错位置和原因。

以上只是简要地介绍了如何在 Win-TC 环境下运行一个简单的 C 程序。读者如需详细了解 Win-TC 的功能和使用方法，请参阅专门手册。

A.2 C 程序的调试

A.2.1 程序调试时的错误分类

1. 程序错误的类型

一个 C 语言程序在编辑、编译和运行过程中，可能会发生一系列的错误，常见的错误有以下几类。

1）语法错误。

不符合 C 语言语法规定和词法规定的错误称为语法错误。例如将 scanf 错写为 seanf、括号不匹配、语句最后漏写分号等，这些都会在编译时被发现并指出。这些错误不改正是不能通过编译的。对一些在语法上有轻微毛病但不影响程序运行的问题（如声明了变量但始终未使用），编译时会发出"警告"。这种情况虽然程序能通过编译，但不应当使程序"带病工作"，应该将程序中所有导致"错误（error）"和"警告（warning）"的因素都排除，再使程序投入运行。

2）逻辑错误。

程序无语法错误，也能正常运行，但结果总是不对，这时源程序可能出现了逻辑错误。

例如，求分段函数：

$$y=\begin{cases}x & (x<2)\\2x & (2\leqslant x<10)\\-3x & (x\geqslant 10)\end{cases}$$

请看以下代码：

```
if (x<2)
  y=x;
else if (2<=x<10)
  y=2 * x;
else
  y=-3 * x;
```

该程序段语法上没有错，当输入小于10的数，求出的结果是正确的，而输入大于10的数，求出的结果是2x而不是－3x。原因是表达式2≤x<10不能保证x一定在区间[2,10)范围内。这类错误可能是设计算法时的错误，也可能是算法正确而在编写程序时出现疏忽所致。这种错误计算机无法检查出来。如果是算法有错，则应先修改算法，再改程序。如果是算法正确而程序写得不对，则直接修改程序。

3）运行错误。

有时程序既无语法错误，又无逻辑错误，但程序不能正常运行或结果不对。多数情况是数据不对，包括数据本身不合适以及数据类型不匹配。如有以下程序：

```
void main()
{
  int a,b,c;
  scanf("%d, %d",&a,&b);
  c=a * b;
  printf("c=%d\n",c);
  getch();
}
```

输入a、b的值，如果a、b以及a∗b的积均小于32767时，运行正确；如果a、b或a∗b大于32767时，运行时出现"溢出(overflow)"错误。如果在执行上面程序时输入：

10000，4↙

则输出c的值为－25536，显然是不对的。这时输入的数据虽然正确，但它们的积超出整型数据范围。

如果在执行上面程序时输入：

40000，2↙

则输出c的值为14464，显然也是不对的。这是输入的数据超出整型数据的范围而引起的。

2. 程序的调试和测试

程序调试的任务是排除程序中的各类错误，使程序能顺利地运行并得到预期的结果。程序的调试阶段不仅要发现和消除语法上的错误，还要发现和消除逻辑错误和运行错误。除了可以利用编译时提出的"出错信息"来发现和改正语法错误外，还可以通过程序的测试来发现逻辑错误和运行错误。

程序测试的任务是尽力寻找程序中可能存在的错误,在测试时要尽可能设想到程序运行时的各种情况,测试在各种情况下的运行结果是否正确。程序测试是程序调试的一个组成部分。

从上面举的例子可以看到,有时程序在某些情况下能正确运行,而在另外一些情况下不能正常运行或得不到正确的结果。因此,一个程序即使通过编译并正常运行,而且结果正确,也不能认为程序没有问题了。要考虑是否在任何情况下程序都能正常运行,并且得到正确的结果。测试的任务就是要找出那些不能正常运行的情况和原因。下面通过一个例子来说明。

设三角形的三边长 a、b、c 由键盘输入,已知三角形的三边求三角形面积的公式为

$$area = \sqrt{s(s-a)(s-b)(s-c)}$$

其中 $s=(a+b+c)/2$,据此有人编写程序如下:

```
#include"stdio.h"
#include"math.h"
void main()
{
  float a,b,c,s,area;
  printf("input a,b,c:");
  scanf("%f,%f,%f",&a,&b,&c);
  s=1.0/2*(a+b+c);
  area=sqrt(s*(s-a)*(s-b)*(s-c));
  printf("area=%7.2f\n",area);
  getch();
}
```

当输入 a、b、c 的值分别为 3、4、5 时,输出 area 的值为 6.00,结果是正确的;若输入 a、b、c 的值分别为 1、4、1 时,程序停止运行,出错原因是对负数求平方根($s(s-a)(s-b)(s-c)=-12<0$)。

因此,此程序只适用于 $s(s-a)(s-b)(s-c)\geqslant 0$ 的情况。我们不能说上面的程序是错误的,而只能说"考虑不周"、程序不够"健壮",因为它不能在任何情况下都能得到正确结果。使用这个程序必须满足一定的前提,即输入的三个边长 a、b、c 必须能构成三角形。这样,就给使用程序的人带来了不便。人们在输入数据前,必须先算一下,是否满足任意两边之和大于第三边。一个程序在各种不同的情况下,都应该能正常运行并得到相应的结果。为此,我们把上面的例子修改为:

```
#include"stdio.h"
#include"math.h"
void main()
{
  float a,b,c,s,area;
  printf("input a,b,c:");
  scanf("%f,%f,%f",&a,&b,&c);
  if (a+b>c&&a+c>b&&b+c>a)
    {
     s=1.0/2*(a+b+c);
     area=sqrt(s*(s-a)*(s-b)*(s-c));
```

```
    printf("area=%7.2f\n",area);
    }
  else
    printf("It is not a triangle.");
  getch();
}
```

为了测试程序的“健壮性”,我们用以下几组数据进行测试,得到运行结果如下。

① input a,b,c:3,4,5↙

area= 6.00

② input a,b,c:3,4,8↙

It is not a triangle.

③ input a,b,c:3,0,3↙

It is not a triangle.

④ input a,b,c:3,2,1↙

It is not a triangle.

经过测试,可以看到程序对任何输入的数据都能正常运行,并都能得到结果。

测试的目的是检查程序有无“漏洞”。对于一个简单的程序,要找出其运行时全部可能执行的路径,并正确地准备数据并不困难。但是,如果需要测试一个复杂的大程序,要找到全部可能路径,并准备出所需的测试数据并非易事。读者应当了解测试的目的,学会组织测试数据,并根据测试的结果修改、完善程序。

A.2.2 Win-TC 程序调试中的常见错误分析

下面列举一些初学者容易犯的错误,供初学者参考,以此为鉴。

(1) 忘记定义变量。例如:

```
void main()
{
 a=5;                    /*该行有错*/
 b=6;                    /*该行有错*/
 printf("%d\n",a+b);
 getch();
}
```

编译失败。出错信息为“未定义的符号'a'在 main 函数中;未定义的符号'b'在 main 函数中”。

C 语言要求对程序中用到的每一个变量都必须定义其类型,上面程序中没有对 a、b 进行定义。应在函数体的开头加“int a,b;”。

(2) 变量已定义,引用时变量名写错。例如:

```
void main()
{
   int a,b,sum;
   a=5, b=6;
```

```
    sum=a+b ;
    printf("%d\n",sun);              /*该行有错*/
    getch();
}
```

编译失败。出错信息为“未定义的符号 'sun'在 main 函数中”。

上面程序中的 printf 函数语句，把变量名“sum”误写为“sun”。

(3) 输入输出的数据类型与所用格式说明符不一致。例如：

```
void main()
{
    float a=5,b=3.5;
    printf("a=%f b=%d a+b=%d\n",a,b,a+b);
    getch();
}
```

编译成功没有出错信息，但运行结果为 a=5.000000 b=0 a+b=0。

实型数据用整型格式描述符，结果数据变为 0。

(4) 未注意 int 型的数值范围。

```
void main()
{
    int a=10000,b=30000;
    printf("a=%d b=%d a+b=%d 2a+2b=%d\n",a,b,a+b,2*a+2*b);
    getch();
}
```

编译成功，但运行结果为 a=10000 b=30000 a+b=-25536 2a+2b=14464。

显然运算结果跟数学意义上的计算结果不符，其原因是：运算过程中数据超出 int 型数据的范围(-32768～32767)。

对于超过基本整型范围的数，可用 long 型，如改为：

```
long int a=10000,b=30000;
printf("a=%ld b=%ld a+b=%ld 2a+2b=%ld\n",a,b,a+b,2*a+2*b);
```

注意：格式描述符要用“%ld”，仍用“%d”说明符时结果输出也会出错。

(5) 在输入语句 scanf 函数中忘记使用变量的地址符。例如：

```
void main()
{
    int a,b;
    scanf("%d%d",a,b);               /*该行有警告错误*/
    printf("a=%d b=%d \n",a,b);/*该行有警告错误*/
    getch();
}
```

编译时出现警告错误，出错信息为“可能在 'a'定义以前使用了它在 main 函数中；可能在 'b'定义以前使用了它在 main 函数中”。

这是许多初学者的一个常见的疏忽，C 语言要求指明“向哪个地址标识的单元送值”。应写成：

```
scanf("%d%d", &a, &b);
```

(6) 输入数据的形式与要求不符。用 scanf 函数输入数据,应注意如何组织输入数据。例如:

```
void main()
{
    int a,b;
    scanf("%d%d",&a,&b);
    printf("a=%d b=%d \n",a,b);
    getch();
}
```

如果按下面的方法输入数据:4,8↙,则结果为:a=4 b=12803

这是输入数据格式错。此时数据间应该用空格(或 Tab 键,或回车键)来分隔。如输入:4 8↙,则结果为:a=4 b=8。

如果 scanf 函数修改为"scanf("%d, %d",&a,&b);",应按以下方法输入:4,8↙

对 scanf 函数中格式字符串中除了格式说明外,对其他字符必须按原样输入。还应注意,不能企图用语句"scanf("input a&b:%d,%d",&a,&b);"。希望在执行时屏幕上先显示一行信息:"input a&b:",然后在其后输入 a 和 b 的值,可以在 scanf 函数语句前另加一个 printf 函数语句。如:

```
printf("input a&b: ");
scanf("%d, %d",&a,&b);
```

(7) 误把"="作为"等于"运算符。例如:

```
void main()
{
    int a,b;
    scanf("%d%d",&a,&b);
    if(a=b)                           /* 应改为(a==b) */
        printf("a equal to b");
    else
        printf("a unequal to b");
    getch();
}
```

编译时出现警告错误,出错信息为"可能是不正确的赋值在 main 函数中"。如果输入:5 6↙,则结果为:a equal to b。

C 编译系统将(a=b)作为赋值表达式处理,将 b 的值赋给 a,然后判断 a 的值是否为零。如果 a 的值为 5,b 的值为 6,if 语句中的表达式值为真(非零),因此输出"a equal to b"。

由于习惯的影响,程序设计者不易发觉这种错误。虽然有运行结果,但结果往往是错的。程序设计者要组织好测试数据,对结果加以分析。

(8) 语句后面漏写分号。例如:

```
void main()
{
```

```
    int a, b;
    scanf("%d%d", &a, &b)
    printf("a=%d b=%d \n", a, b);
    getch();
}
```

编译失败。出错信息为“缺少';'在 main 函数中”。但在第 5 行上并未发现错误，应该检查上一行是否漏了分号，发现第 4 行缺少分号。这是因为编译时，编译程序在“scanf("%d%d", &a, &b)”后面未发现分号，就把下一行“printf("a=%d b=%d \n", a, b);”也作为上一行的语句的一部分，这就出现上述语法错误。

(9) 在不该加分号的地方加了分号。

```
void main()
{
    int a, b;
    scanf("%d%d", &a, &b);
    if(a>b);
        printf("a is larger than b\n");
    else
        printf("b is larger than a\n");
    getch();
}
```

编译失败。出错信息为“'else'位置错在 main 函数中”。由于在 if(a>b)后加了分号，编译时，编译程序找不到与 else 相匹配的 if。如果该程序修改为：

```
void main()
{
    int a, b;
    scanf("%d%d", &a, &b);
    if(a>b);
        printf("a is larger than b\n");
    getch();
}
```

编译时未出现错误，无论给 a 和 b 赋何值，都输出“a is larger than b”的信息。原因是在 if(a>b)后加了分号，即当 a>b 为真时，执行一个空语句。不论 a>b 还是 a≤b，都执行语句“printf("a is larger than b\n");”。

又如：

```
for(i=1;i<=10;i++);
{   scanf("%d", &x);
    printf("x=%d, x*x=%d", x, x*x);
}
```

本意为先后输入 10 个数，每输入一个数后输出它的平方值。由于在 for()后加了一个分号，使循环体变成了空语句。只能输入一个整数并输出它的平方值。

总之，在 if、for、while 语句中，不要画蛇添足，多加分号。

(10) 括号不配对。例如:

```
#include"stdio.h"
void main()
{
    char c;
    while((c=getchar()!='#')
        putchar(c);
    getch();
}
```

编译失败。出错信息为“调用未定义的函数在 main 函数中;while 语句缺少')'在 main 函数中”。检查发现在 while 语句的“!=”前面少了一个右括号。

(11) 对应该有花括号的复合语句,忘记加花括号。例如:求 1+2+3+…+100 的和。有人程序编写如下:

```
void main()
{
    int i=1,sum=0;
    while (i<=100)
        sum=sum+i;
        i++;
    printf("sum=%d",sum);
    getch();
}
```

程序编译成功,但没有结果。检查程序发现只是重复执行了 sum=sum+i 语句,而且循环永不终止,i 的值始终没有改变,语句“i++;”不属于循环体范围之内。应改为

```
while (i<=100)
{   sum=sum+i;
    i++;
}
```

(12) switch 语句的各分支中漏写 break 语句。

```
void main()
{
    int score;
    scanf("%d",&score);
    switch (score)
    {   case 5:printf("Very good!");
        case 4:printf("Good!");
        case 3:printf("Pass!");
        case 2:case 1:printf("Fail!");
        default:printf("data error!");
    }
    getch();
}
```

上述程序的作用是希望根据 score(成绩)输出评语。但输入 5 时,输出为:

Very good!Good!Pass!Fail!data error!

原因是漏写了 break 语句。程序应改为：

```
void main()
{
    int score;
    scanf("%d",&score);
    switch(score)
    {   case 5:printf("Very good!");break;
        case 4:printf("Good!");break;
        case 3:printf("Pass!");break;
        case 2:case 1:printf("Fail!");break;
        default:printf("data error!");
    }
    getch();
}
```

(13) 引用数组元素时，元素下标值超出“可使用的最大下标值”。例如：

```
void main()
{
    int i=0,x[10]={1,2,3,4,5,6,7,8,9,10};
    for (i=1;i<=10;i++)
      printf("%d ",x[i]);
    getch();
}
```

一次运行结果为：2 3 4 5 6 7 8 9 10 −36

其中值−36 是一个不定值，其原因是因为数组元素下标引用时超出了数组最大下标值。数组下标越界编译系统不会给出错信息。这是一些初学者常犯的错误。

(14) 误以为数组名代表数组中全部元素。例如：

```
void main()
{
    int x[5]={1,2,3,4,5};
    printf("%d ",x);
    getch();
}
```

数组名代表数组首地址，不能通过数组名输出 5 个元素的值。

(15) 混淆字符数组与字符指针的区别。

```
#include"string.h"
main()
{
    char dst[20],src[20];
    src=" $0.12";
    strcpy(dst,src);
    printf("%s",dst);
    getch();
}
```

编译失败。出错信息为“需要逻辑0或非0在main函数中”。检查发现src是数组名，代表数组首地址。在程序运行期间src是一个常量，不能再被赋值。所以，“src="$0.12";”是错误的。如果把“char dst[20],src[20];”改成“char dst[20], * src;”，则程序正确。此时，src是指向字符数据的指针变量，“src="$0.12";”是合法的，它将字符串的首地址赋给指针变量src。

如果把上述程序改写如下：

```
#include"string.h"
void main()
{
  char dst[20], * src;
  src=" $0.12";
  dst=src;
  printf("%s",dst);
  getch();
}
```

编译失败。出错信息为“需要逻辑0或非0在main函数中”。检查发现dst是数组名，是一个常量，不能再被赋值。不能用赋值语句将一个字符串常量或字符数组直接给一个字符数组。如果把“dst=src;”改成“strcpy(dst,src);”，则程序正确。

(16) 混淆数组名与指针变量的区别。例如：

```
void main()
{
    int a[5]={1,2,3,4,5},i;
    for (i=0;i<5;i++)
    printf("%d", * a++);
    getch();
}
```

编译失败。出错信息为“需要逻辑0或非0在main函数中”。检查发现a是数组名，是一个常量，它的值是不能改变的，用a++是错误的，应当用指针变量来指向各数组元素。程序应改为：

```
void main()
{
    int a[5]={1,2,3,4,5},i, * p;
    p=a;
    for (i=0;i<5;i++)
    printf("%d ", * p++);
    getch();
}
```

或

```
void main()
{
    int a[5]={1,2,3,4,5}, * p;
    for (p=a;p<a+5;p++)
```

```
    printf("%d ", *p);
    getch();
}
```

(17) 所调用的函数在调用语句之后才定义，而又在调用前未声明。例如：

```
void main()
{
    float a,b,c;
    a=3.6; b=7.8;
    c=max(a,b);
    printf("%f\n",c);
    getch();
}
float max(float x,float y)
{   return (x>y?x:y);
}
```

编译失败。出错信息为"与'max'声明中的类型不匹配"。检查发现max函数是在main函数之后才定义，也就是max函数的定义位置在main函数调用max函数之后。可用以下方法修改。

① 在main函数中增加一个对max函数的声明。即：

```
void main()
{   float max(float x,float y);        /*声明将要用到的max函数为实型*/
    float a,b,c;
    a=3.6; b=7.8;
    c=max(a,b);
    printf("%f\n",c);
    getch();
}
```

② 将max函数的定义位置调到main函数之前。即：

```
float max(float x,float y)
{ return (x>y?x:y);
}
void main()
{
    float a,b,c;
    a=3.6; b=7.8;
    c=max(a,b);
    printf("%f\n",c);
    getch();
}
```

这样，编译时不会出错，程序运行结果正确。

(18) 函数定义时首行加分号。

```
float max(float x,float y);
{   return (x>y?x:y);
}
```

编译失败。出错信息为“说明语法错误”。原因是函数定义时首行最后多一个分号，程序修改如下：

```
float max(float x,float y)
{   return (x>y?x:y);
}
```

(19) 对函数声明与函数定义不匹配。如已定义一个 merge 函数，其首行为：

```
void merge(int *a,int ma,int *b,int mb,int *c)
```

在主调函数中作下面的声明时将出错。

```
merge(int *a,int ma,int *b,int mb,int *c);                /* 漏写函数类型 */
float merge(int *a,int ma,int *b,int mb,int *c);          /* 函数类型不匹配 */
void merge(int a,int ma,int b,int mb,int c);              /* 参数类型不匹配 */
void merge(int *a,int ma,int *b,int mb);                  /* 参数数目不匹配 */
void merge(int *a, int *b,int *c, int ma, int mb,);       /* 参数顺序不匹配 */
```

而下面的声明是正确的：

```
void merge(int *a,int ma,int *b,int mb,int *c);
void merge(int *, int, int *, int, int *);                /* 可以不写形参名 */
void merge(int a[],int ma,int b[],int mb,int c[]);        /* 指针可以用数组表示 */
```

(20) 在需要加头文件时没有用#include 命令去包含头文件。例如：程序中用到 sqrt 函数，没有用“#include<math.h>”；程序中用到 strcpy 函数，没有用“#include<string.h>”；程序中用到 isdigit 函数，没有用“#include<ctype.h>”等。这是不少初学者常犯的错误。至于哪个函数应该用哪个头文件，可查阅附录。

(21) 混淆结构类型与结构变量的区别，对一个结构类型赋值。例如：

```
struct stu
{   long num;
    char name[20];
    char sex;
    float score;
};
stu.num=80105;
strcpy(stu.name,"Liyang");
stu.sex='M';
stu.score=92.5;
```

这是错误的，只能对变量赋值而不能对类型赋值。上面只定义了 struct stu 类型而未定义变量。应改为：

```
struct stu
{   long num;
    char name[20];
    char sex;
    float score;
};
struct stu stu_1;
```

```
stu_1.num=80105;
strcpy(stu_1.name,"Liyang");
stu_1.sex='M';
stu_1.score=92.5;
```

(22) 使用文件时忘记打开，或打开方式与使用情况不匹配。例如：

```
#include<stdio.h>
void main()
{
    FILE *fp;
    if ((fp=fopen("a1","r"))==NULL)
     {   printf("cannot open this file\n");
         exit(0);
     }
     fprintf(fp,"Hello!");
     fclose(fp);
}
```

程序编译成功。但不能把“Hello!”写入 a1 文件。因为对以 r 方式(只读方式)打开的文件，进行写操作，显然是不行的。可以把文件打开方式改为 w 或 a+。

此外，有的程序常忘记关闭文件，虽然系统会自动关闭所用文件，但可能会丢失数据。因此必须在用完文件后关闭它。

以上只是列举了一些初学者常出现的错误，这些错误大多是对于 C 语法不熟悉之故。如果读者 C 语言使用多了，比较熟练了，犯这些错误自然就会减少了。在深入使用 C 语言后，还会出现其他更深入、更隐蔽的错误。

写完一个程序只能说完成任务的一半(甚至不到一半)。调试程序往往比写程序更难，更需要精力、时间和经验。常常有这样的情况：程序花一天就写完了，而调试程序两三天也未能完成。有时一个小小的程序会出错五六处，而发现和排除一个错误，有时竟需要半天，甚至更长时间。希望读者通过实践掌握调试程序的方法和技术。最后告诫读者一句：程序设计能力是在调试程序时不断地犯错改错的过程中提高的。

附录 B　Visual C++ 6.0 使用方法简介

本附录介绍的 VC 环境是 Microsoft Visual C++ 6.0。该编程工具是在 Windows 支持下，主要用于编辑和调试可视化 C++语言的程序，但是也可以编辑和调试 C 语言程序。

1. 预备知识

在 Microsoft Visual C++ 6.0 中，一个源程序称为一个“工程(Projects)”，存放在用户自己命名的某个工程文件夹中，编译、链接后的可执行文件名就是工程文件名。编译、链接时，工程文件夹中除了 C 源程序外，还会生成若干个文件。系统将编译后生成的 OBJ 文件、链接后生成的 EXE 文件存放在系统自动建立的下一级文件夹(DEBUG)中。

当对某个工程文件夹中的源程序进行编辑、编译、链接时，应在一个工作区中进行。工作区可以命名，系统会自动建立工作区对应的文件夹。在某个工作区中可以建立多个工程文件。

运行程序时会自动弹出一个窗口，接收输入数据，并显示输出结果。

使用 Microsoft Visual C++ 6.0 调试 C 程序，需要注意下列几点。

(1) 编辑、调试程序的过程是在 Windows 窗口下进行的，必须掌握 Windows 的基本操作方法，例如，应用程序的启动、菜单驱动方法、对话框操作、文本框输入、鼠标操作等。

(2) 对 C 语言源程序的语法要求比较严格。例如，程序中经常使用的 scanf 函数和 printf 函数，需要在程序的开头写上包含命令“#include<stdio.h>”。

2. Visual C++的安装与启动

如果用户的计算机未安装 Visual C++ 6.0，则应先安装它。Visual C++是 Visual Studio 的一部分，因此需要找到 Visual Studio 光盘，执行其中的 setup.exe 文件，并按照屏幕上的提示信息进行安装即可。

安装结束后，在 Windows“开始”菜单的“程序”子菜单中就会出现 Microsoft Visual C++ 6.0 子菜单。

在需要使用 Visual C++时，只需从桌面上顺序选择“开始”|“程序”|Microsoft Visual C++ 6.0 即可，出现 Microsoft Visual C++ 6.0 的主界面，如图 B.1 所示。

主界面的左侧是项目工作区窗口，右侧是程序编辑窗口。工作区窗口用来显示所设定工作区的信息，程序编辑窗口用来输入和编辑源程序。

3. 输入和编辑源程序

(1) 新建一个 C 源程序的方法。

如果要新建一个 C 源程序，可采用以下步骤。

在 Visual C++主界面的主菜单中单击“文件”|“新建”，屏幕上出现一个“新建”对话框，

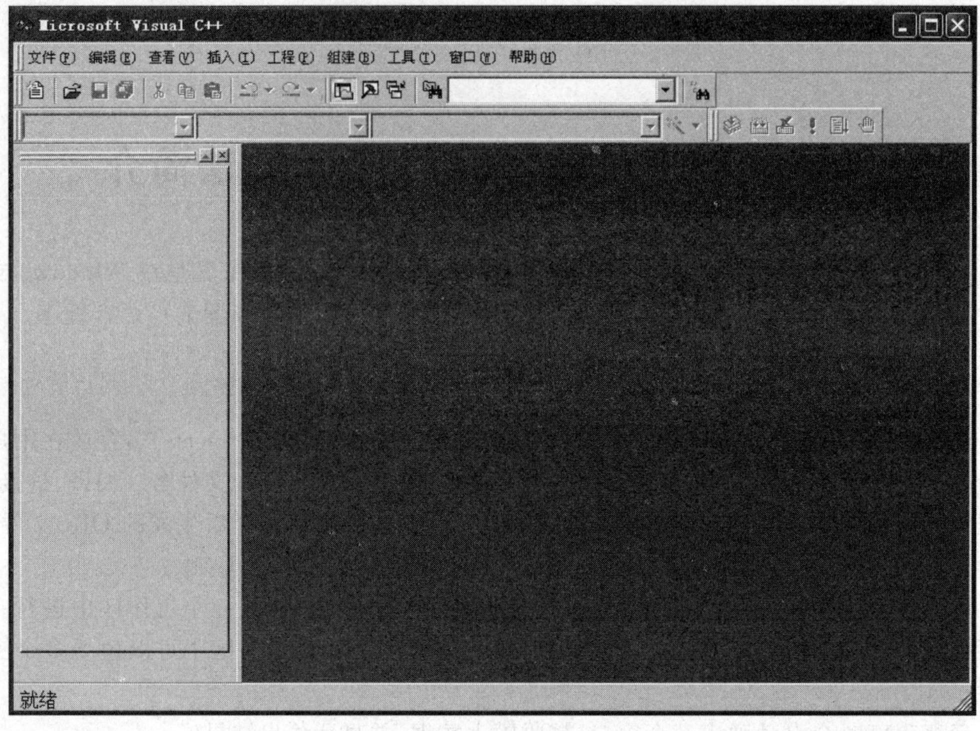

图 B.1 Visual C++ 6.0 主界面

如图 B.2 所示。单击此对话框中的“文件”选项卡，在其下拉列表框中有 C++Source File 选项，表示该项的功能是建立新的 C++源程序文件。由于 Visual C++ 6.0 既可用于处理 C++源程序，也可用于处理 C 源程序，因此，选择 C++Source File 选项。然后在对话框右半部分的“位置”文本框中输入准备编辑的源程序文件的存储路径（假设为 E:\LILIN），表示准备编辑的源程序文件将存放在 E:\LILIN 子目录下。在其上方的“文件名”文本框中输入准备编辑的源程序文件名（如输入“li_1.c”），表示要建立的是 C 源程序，这样，即将进行输入和编辑的源程序就以“li_1.c”为文件名存放在 E 盘的 LILIN 目录下。当然，用户完全可以指定其他路径名和文件名。

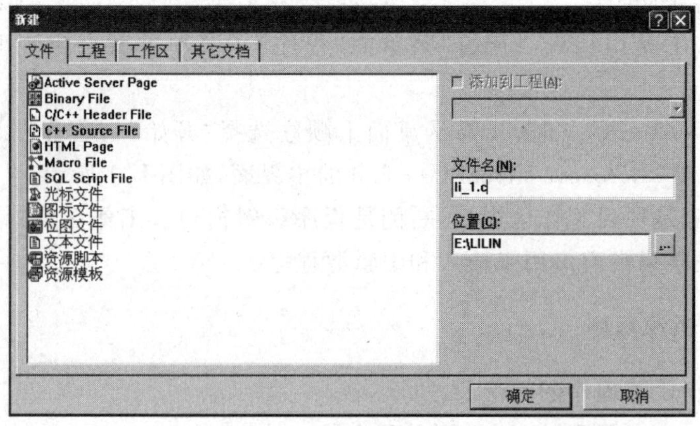

图 B.2 “新建”对话框

注意：所指定的文件名后缀为.c，如果所输入的文件名为 li_1.cpp，则表示所要建立的是 C++源程序。如果不写明后缀，系统会默认为 C++源程序文件，自动添加后缀.cpp。

单击"确定"按钮之后，回到 Visual C++主界面，此时窗口的标题栏中将显示"li_1.c"。可以看到光标在程序编辑窗口内闪烁，表示程序编辑窗口已被激活，可以输入和编辑源程序了。现在输入简单的程序，如图 B.3 所示。

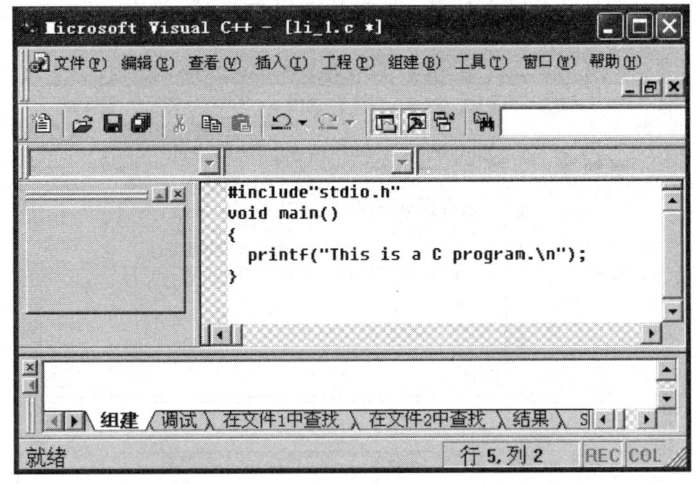

图 B.3 在程序编辑窗口中编辑程序

输入完毕，检查无误后，则将源程序保存在前面指定的文件中。

如果不想将源程序存放到原先指定的文件中，可以选择"文件"|"另存为"，并在弹出的对话框中指定文件路径和文件名。

(2) 打开一个已有的程序。

如果已经编辑并保存过 C 源程序，希望打开已有的程序并对它进行修改，方法如下所示。

① 在"资源管理器"或"我的电脑"中按照路径找到已有的 C 语言程序名(如 li_1.c)，双击此文件名，便自动进入 Visual C++集成化开发环境，并打开该文件，程序显示于编辑窗口中。

② 执行菜单命令"文件"|"打开"，并在弹出的对话框(图 B.4 所示)中选择所需的文件。

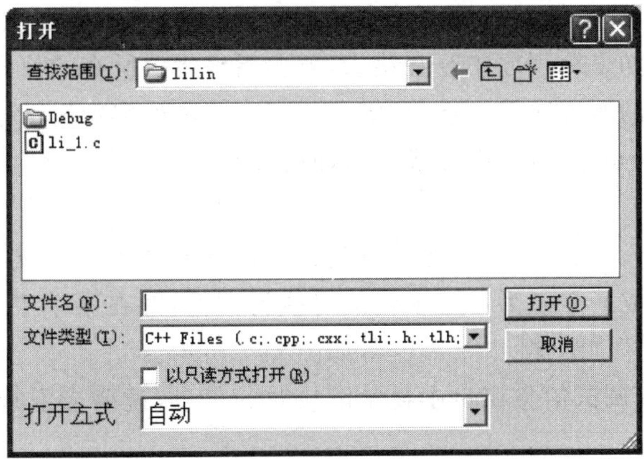

图 B.4 打开文件的对话框

4. 编译、链接和运行

(1) 程序的编译。

在编辑并保存源文件(如li_1.c)之后,若需要对该文件进行编译,执行菜单命令"组建"|"编译[li_1.c]"进行编译,如图B.5所示,此时弹出对话框(如图B.6所示),单击"是"按钮,表示同意由系统建立默认的项目工作区,然后开始进行编译。

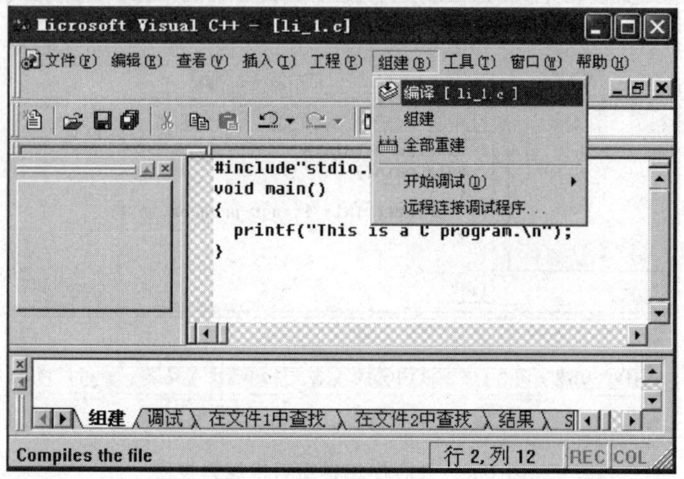

图B.5 在"组建"菜单中选择"编译[li_1.c]"选项

图B.6 "是否同意创建一个默认的项目工作区"的提问

也可以不采用选择菜单项的方法,通过组合键Ctrl+F7或工具栏按钮来完成编译。

在进行编译时,编译系统检查源程序中是否有语法错误,然后在主界面下部的调试信息窗口输出编译信息。如果源程序中存在错误,就会指出错误所在的位置和性质,必须对源程序予以改正。修改后的源程序需再选择"编译[li_1.c]"选项重新进行编译,直到编译信息显示:"0 error(s),0 warning(s)",编译成功,这时将产生li_1.obj文件。

(2) 程序的链接。

得到目标程序之后,就可以对程序进行链接了。由于刚才已生成了目标程序li_1.obj,编译系统链接后应生成一个名为li_1.exe的可执行文件,并在菜单中显示此文件名。此时应选择菜单命令"组建"|"组建[li_1.exe]",如图B.7所示。

完成链接之后,在调试信息窗口中显示链接时的信息,说明未发现错误,生成一个可执行文件li_1.exe。

以上所介绍的是分别进行程序的编译与链接,也可以选择"组建"|"组建[li_1.exe]"(或

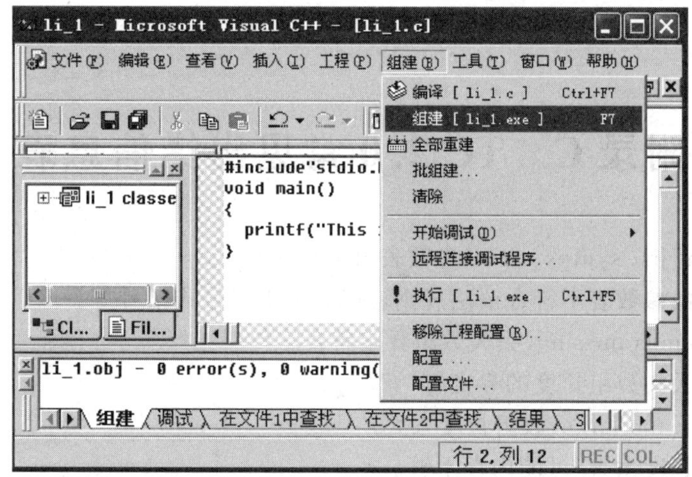

图 B.7　在“组建”菜单中选择“组建[li_1. exe]”命令

按 F7 键)一次完成编译与链接。

(3) 程序的执行。

在得到可执行文件 li_1. exe 之后,就可以直接执行 li_1. exe 了。选择菜单命令“组建”|“！ 执行[li_1. exe]”,在单击“！ 执行[li_1. exe]”选项后,即开始执行 li_1. exe。也可使用组合键 Ctrl+F5 或工具栏按钮 ! 来完成。程序执行后,屏幕切换到输出结果的窗口,显示运行结果,如图 B. 8 所示。

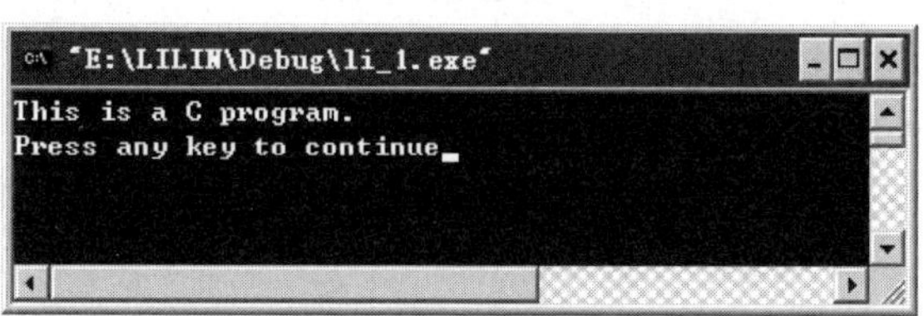

图 B. 8　执行结果显示

可以看到,输出结果窗口中的第 1 行是程序的输出:“This is a C program.”。然后换行。

第 2 行“Press any key to continue”并非程序所指定的输出信息,而是 Visual C++输出运行结果后,由 Visual C++ 6.0 系统自动添加的一行信息,通知用户“按任意键以继续”。当按下任意键之后,输出窗口消失,返回 Visual C++的主界面,就可以对源程序进行修改补充或执行其他操作。

如果已完成对一个程序的操作,不再对它进行其他处理,应当选择“文件”|“关闭工作区”,以结束对该程序的操作。

5. 调试下一个程序

首先,选择“文件”|“关闭工作区”,关闭当前工作区及其中的工程文件;然后建立新程序或调入其他程序进行编辑调试。

附录C　TC 2.0常见出错信息表

• Argument list syntax error(参数表语法错误)

函数调用时的参数表不符合语法规则,例如,缺少逗号或括号等。

• Array bounds missing(丢失数组界定符)

声明数组时丢失数组长度的界定符"]"。

• Array size too large(数组长度太大)

声明数组时长度太大,可能内存不够。

• Call of non-function(调用未定义的函数)

被调用函数未定义,通常由不正确的函数声明或函数名拼写错误引起的。

• Call to function with no prototype

调用函数时没有函数的说明。

• Case outside of switch(case 出现在 switch 之外)

引起这一错误的原因大多是在 switch(exp){…}语句的 switch(exp)后加了分号,而根据C语言要求的语法结构,这些是不要加分号的。

• Compound statement missing }(复合语句漏掉"}")

通常由大括号不匹配引起的。

• Constant expression required(要求常量表达式)

例如,声明数组时要求数组的大小说明必须是常量表达式,如果不是常量表达式就会引起这一错误。

• Declaration syntax error(说明中出现语法错误)

在声明变量等对象时出现语法错误。例如,一条声明语句的前一条声明语句没有以分号结束,或当用一条声明语句声明多个变量时,变量之间没有用逗号隔开而是用空格来分隔时均会引起这一错误。

• Default outside of switch(Default 出现在 switch 语句之外)

引起这一错误的原因大多是在 switch(exp){…}语句的 switch(exp)后加了分号。

• Division by zero(用零作除数)

程序中出现了用0作除数。

• Do statement must have while(do-while 语句中缺少 while 部分)

• Duplicate case(case 情况不唯一)

在同一 switch 语句中的每个 case 后的常量表达式必须有一个唯一的值,否则会引起这一错误。

• Enum syntax error(枚举类型语法错误)

例如,定义枚举类型时,缺失了枚举常量表的封闭大括号,或者枚举常量之间不是以逗号隔开,而是用空格隔开等均会引起这一错误。

- Error writing output file(写输出文件错误)

写输出文件进行定位操作时错误，通常是由于磁盘空间太满引起的。

- Expression syntax error(表达式语法错误)

表达式的书写不符合语法规则，例如小括号不匹配、操作符连续出现等都会引起这一错误。

- Extra parameter in call(调用函数时出现多余参数)

引起这一错误的原因是调用函数时实参的个数多于定义函数时形参的个数。

- Function call missing)(函数调用缺少右括号)
- Goto statement missing label(goto 语句没有标号)

goto 语句缺少标号或标号不符合要求。

- Initializer syntax error(初始化语法错误)

初始化没有按照语法的要求。例如，初始化数组元素值时缺失"}"或元素之间的分隔符不是用逗号而是用了空格等都会引起这一错误。

- Invalid indirection(无效的间接运算)

间接运算符"*"要求的操作数是指针型量，如果跟在间接运算符"*"后的是非指针型量，则会引起这一错误。

- Invalid pointer addition(无效的指针相加)

程序中出现了两个指针相加的情形。

- Lvalue required(需要逻辑值 0 或非 0 值)

通常是因为赋值表达式中赋值号左边的对象不符合左值的要求，左值一般是变量(包括下标变量、成员变量等)。

- Misplaced break(break 位置错误)

break 只能用在 switch 或循环语句中，当程序中出现孤立的 break 时会引起这一错误。

- Misplaced continue(continue 位置错误)

continue 只能用在循环语句中，当程序中出现孤立的 continue 时会引起这一错误。

- Misplaced else(else 位置错误)

else 必须与 if 配合使用，当程序中出现孤立的 else 时会引起这一错误。

- Must take address of memory location (必须是内存单元的地址)

在源程序中对一个不能使用地址操作符"&"的表达式如使用了地址操作符。例如，对寄存器变量使用了地址操作符会引起这一错误。

- Non-portable pointer assignment(不可移动的指针(地址常数)赋值)

错误原因通常是在对没有确定地址的指针所指向的空间进行了写操作。例如，如果一个函数的形参是数组，但调用该函数时所给的实参是数组元素时会引起这一错误。

- Non-portable pointer comparison(不可移动的指针(地址常数)比较)

企图将指针和一个非指针值(除零外)进行比较。如果该比较是正确的，可以使用强制转换来消除该警告。同类错误还有"Non-portable pointer conversion(不可移动的指针(地址常数)转换"。

- Numeric constant too large(数值常数太大)

不能产生大于十六进制\XFF 或八进制\377 的转义符序列的字符和串。双字节的字符常量可以用第二个反斜线来表示。

• Parameter "xxx" is never used(参数 xxx 没有用到)

在函数中说明的函数参数在函数体中从来没有使用过。另外，如果在函数体内重新定义该参数为一个程序的自动(局部)量，也将导致该警告错误，因为这时该参数将被自动变量所屏蔽，所以不会被用到。

• Pointer required on left side of ->(->的左边必须是指针)

在成员运算符->的左边只能允许是一个指针，否则会引起这一错误。

• Possible use of "xxx" before definition(在定义之前就使用了 xxx)

如果一个表达式中使用了未赋值的变量，往往会引起这一警告错误。

• Possibly incorrect assignment(赋值可能不正确)

当编译器遇到一个测试表达式(指 if、while 或 do-while 语句中的测试表达式)的主运算符是一个赋值运算符时将产生该警告。若想消除该警告，请用圆括号将此赋值表达式括起来，然后和零进行比较。例如：

```
if (a=b)…
```

应改为

```
if ((a=b)!=0)…
```

• Redeclaration of "xxx"(重复定义了 xxx)

此标识符非法地被说明多次。这可能是由于程序中出现了像"int a; double a;"这样的矛盾说明，或一个函数以不同方式说明两次，或一个标号在同一个函数中重复说明，或对不是 extern 函数或简单变量的说明重复多次等。

• Statement missing ;(语句后缺少";")

编译程序遇到一个后面没有分号的语句。

• Sub scripting missing](下标缺少右方括号)

编译程序遇到一个缺少用方括号"]"的下标表达式。这可能由于丢失或多用了一个操作符，或括号不配对。

• Suspicious pointer conversion(可疑的指针转换)

在一个指针之间需要一个隐式转换，但它们的类型大小不一样，如果不用类型强制转换就无法进行。例如，将一个指向整型数的指针变量作为实参传递给一个指向 float 类型的形参指针变量时会引起这一错误。

• Too few parameters in call(函数调用时的参数太少)

常见原因是漏写了参数，导致实参与形参的个数不匹配。

• Too many decimal points(点太多)

往往在描述实数时有连续出现的小数点。

• Too many default cases(Default 太多)

switch 语句中 default 语句只允许有一个。在同一 switch 语句结构中如果出现多个 default 会引起这一错误。

• Too many error or warning messages(错误或警告信息太多)

在编译停止以前最多可有 255 个错误和警告。

- Too many type in declaration (说明中类型太多)

一个说明中不能有一个以上的基本类型: char,int,float,double,struct,union,enum 或 typedef 名。

- Too much global data defined in file(文件中全局数据太多)

全局数据说明的总和不能超过 64K 字节。对任何可能太大的数组说明进行检查。如果所有的说明都是需要的,可考虑对程序进行整理。

- Type mismatch in parameter "xxx" (参数 xxx 类型不匹配)

函数调用时参数的类型不匹配,应该做到赋值相容。

- Type mismatch in redeclaration of "xxx"(xxx 重定义的类型不匹配)

这往往是进行了错误的函数原型声明。例如,一个被调用函数的返回值为 float 型,但声明的时候给出的是 void 型。

- Unable to create output file "xxx" (无法建立输出文件 xxx)

此错误由于工作盘满或写保护引起。如果是工作盘满,可把不需要的文件删掉并重编译。如果是写保护,可把源文件移到可写的磁盘中并重新编译。此错误也可能是因为输出目录不存在引起的。

- Unable to open include file "xxx"(无法打开被包含的文件 xxx)

编译程序不能找到这个命名文件,这也可能是因为 # include 文件包含的正是源文件。检查命名文件是否存在。

- Unable to open input file "xxx"(无法打开输入文件 xxx)

此错误发生在源文件没有找到的情况。检查文件名是否有拼写错误或者文件是否在正确的盘或目录上。

- Undefined label "xxx"(没有定义的标号 xxx)

在函数中有一个 goto 转移的标号,但该标号无定义。

- Undefined structure "xxx"(没有定义的结构 xxx)

在编译程序指出该错误之前源文件的某个地方使用了命名的结构(通常是用指向一个结构的指针),但是没有对此结构的定义。此错误可能由于结构名拼写错误或遗漏说明引起。

- Undefined symbol "xxx" (没有定义的符号 xxx)

该命名的标识符没有说明,这可能是由于在此处或在说明处的拼写错误,也可能是在说明该标识符时发生错误。

需要说明的是:错误往往是关联的,编译程序如果在某一行上报错,错误不一定在该行上,所以在纠正编译错误时要理解错误提示信息并找到解决办法,有时还需要结合程序的前后关系才能更好、更快地排错。切记,在排错过程中,程序设计能力定能得到飞速提高。